C.H.BECK WISSEN
in der Beck'schen Reihe

Seit dem Start des ersten künstlichen Erdsatelliten hat die Weltraumfahrt mit zahlreichen bemannten und unbemannten Unternehmungen eine für die moderne Technikgeschichte beispiellose Entwicklung genommen. In dem vorliegenden Buch werden alle wichtigen Schritte auf diesem Weg mit vielen Details dargestellt. Vom Wettlauf der beiden Großmächte in Ost und West, der 1969 mit der Landung der US-Amerikaner Armstrong und Aldrin als den ersten Menschen auf dem Mond endete, den Forschungs- und Anwendungssatelliten und den erfolgreichen Flügen von Planetensonden, die die Erkenntnisse über unser Sonnensystem entscheidend erweitert haben, spannt sich der Bogen bis zu den aktuellen Bemühungen, mit der Internationalen Raumstation die besonderen Bedingungen des Weltraums für Wissenschaft und Alltag zu nutzen. In diesem Zusammenhang werden auch die Bemühungen der europäischen Staaten, an dieser Entwicklung teilzunehmen, gewürdigt.

Günter Siefarth, Jahrgang 1929, ist promovierter Historiker und Wissenschaftsjournalist. Nach Studium und Promotion arbeitete er zunächst als Rundfunkredakteur und -reporter beim Südwestfunk, Baden-Baden, bevor er 1956 zum Fernsehen des Westdeutschen Rundfunks nach Köln wechselte. In Livesendungen und Filmdokumentationen hat er über alle wichtigen Ereignisse der Raumfahrt berichtet. 1968 bis 1972 war er Leiter und Moderator des Apollo-Sonderstudios der ARD. Zu seinen bekannten Buchveröffentlichungen gehören *Mondflug in Frage und Antwort* (gemeinsam herausgegeben mit Ernst von Khuon), *Raumfahrt* (ein Jugendbuch, das in sieben Sprachen übersetzt wurde) und *Forscher proben die Zukunft* (Hrsg.).

Günter Siefarth

GESCHICHTE DER RAUMFAHRT

Verlag C. H. Beck

Mit 13 Farbabbildungen

Die Deutsche Bibliothek – CIP-Einheitsaufnahme

Siefarth, Günter :
Geschichte der Raumfahrt / Günter Siefarth. – Orig.-Ausg. –
München : Beck, 2001
  (C. H. Beck Wissen in der Beck'schen Reihe ; 2153)
  ISBN 3 406 44753 8

Originalausgabe
ISBN 3 406 44753 8

Umschlagmotiv: Schattenriß einer Saturn-V-Rakete
an der Startrampe © NASA
Umschlagentwurf von Uwe Göbel, München
© Verlag C. H. Beck oHG, München 2001
Satz: Fotosatz Amann, Aichstetten
Druck und Bindung: Freiburger Graphische Betriebe
Printed in Germany

www.beck.de

*Für Rosemarie,
die seit den Tagen des ersten Sputnik
mein Leben und meine Arbeit
mit Geduld und Ermutigung
begleitet*

Inhalt

1. Visionäre und Wegbereiter 9
2. Signale aus dem Erdorbit 13
3. Die ersten Helden der Astronautik 17
4. Mit Robotern zu unseren kosmischen Nachbarn 24
5. Raumschiffe der zweiten Generation 30
6. Anwendungssatelliten – Nutzen für Jedermann 36
7. Militärische Projekte 41
8. Der große Sprung: das Apollo-Programm 44
9. Sechsmal zum Mond und zurück 55
10. Frühe Raumstationen 63
11. Europa will nicht abseits stehen 69
12. Bis zu den Grenzen unseres Sonnensystems 77
13. Pendelverkehr zwischen Erde und Weltraum 87
14. Ein Riese am Himmel und Zukunftspläne 97

Anhang

Zeittafel 109

Raumfahrer aus Deutschland, Österreich und der Schweiz 113

Bildnachweis 114

Literaturverzeichnis 115

Register 117

1. Visionäre und Wegbereiter

Wir werden nie erfahren, wer als erster den Wunsch hatte, die atmosphärische Hülle unseres Heimatplaneten zu durchdringen und in den Weltraum vorzustoßen. Aber wir wissen aus Mythen, Sagen und Märchen, daß der Flug zu den Sternen, Planeten und Monden ein uralter Menschheitstraum ist.

Frühe Pläne, diesen Traum zu verwirklichen, gehen auf den Anfang des 20. Jahrhunderts zurück. 1903 – im selben Jahr, in dem den Brüdern Orville und Wilbur Wright der erste Motorflug gelang – veröffentlichte der Russe Konstantin Eduardowitsch Ziolkowski unter dem Titel „Erforschung des Weltraums mittels Reaktionsapparaten" eine Arbeit, die damals zwar wenig Beachtung fand, inzwischen aber als Grundlage der Raketentechnik gilt. In den folgenden Jahren ergänzte er seine Überlegungen und sprach sich bereits für das Prinzip der Flüssigkeitsrakete aus, weil ihm Feststofftriebwerke nicht leistungsstark genug erschienen, um in den Weltraum zu gelangen. Ziolkowski beschränkte sich keineswegs auf allgemeine Anmerkungen, sondern beachtete bei seinen theoretischen Arbeiten auch bereits Details wie Kühlung der Brennkammer, Steuerungstechnik und Verfahren der Lageorientierung. Auch die revolutionäre Idee einer die Erde umkreisenden Weltraumstation taucht bei ihm auf.

Das Genie dieses Lehrers, der 1935 achtundsiebzigjährig in Kaluga bei Moskau starb, hat prophetisch das Zeitalter der Weltraumfahrt nicht nur vorausgeahnt, sondern ihm auch den Weg bereitet. Als provozierend wird von vielen noch heute sein Wort empfunden, daß die Erde zwar die Wiege des Geistes sei, der Mensch aber nicht sein ganzes Leben in der Wiege verbringen könne.

Wenige Jahre nach dem Russen beschäftigte sich der amerikanische Professor für Mathematik und Physik Robert Hutchings Goddard mit Fragen der Raketentechnik. Für ihn stand dabei allerdings nicht das Interesse an einem Vorstoß in den Weltraum im Vordergrund. Ihm kam es vielmehr darauf an, ein Vehikel für

Höhen- und Fernflüge zu entwickeln. Sein erster praktischer Versuch, eine Rakete zu starten, mißlang 1926 nach wenigen Sekunden. Auch in den folgenden Jahren blieb ihm der Erfolg zunächst versagt, bis endlich 1935 ein erster Flug glückte und sein Gerät eine Höhe von 2300 m erreichte.

Heute erinnert eine der zentralen Einrichtungen der amerikanischen Weltraumbehörde NASA an diesen Pionier der Raketentechnik – das Goddard Space Flight Center in Greenbelt (Maryland).

Wer sich in den ersten Jahrzehnten des 20. Jahrhunderts, als Automobil, Flugzeug und Telefon von den meisten Zeitgenossen als Gipfel des technischen Fortschritts betrachtet wurden, mit Fragen der Raumfahrt beschäftigte, zog fast immer Unverständnis oder Ablehnung auf sich. Das mußte auch der 1894 in Siebenbürgen geborene Deutsche Hermann Oberth erfahren. Als er nach Ende seines Studiums die Ergebnisse seiner Untersuchungen zur Raketen- und Raumflugtechnik als Dissertation einreichte, fand er keinen Professor, der sich dafür zuständig fühlte. Und als 1922 ein Münchener Verleger das Manuskript durchblätterte, glaubte er Oberths Arbeit der Kategorie „utopische Romane" zuordnen zu müssen. Unter dem Titel „Die Rakete zu den Planetenräumen" veröffentlichte er seine Ideen kurze Zeit später und schuf damit eins der Standardwerke der Weltraumfahrt. Die ersten Sätze seines Buchs lesen sich heute wie das Orakel der Astronautik:

„1. Beim heutigen Stand der Wissenschaft und der Technik ist der Bau von Maschinen möglich, die höher steigen können, als die Erdatmosphäre reicht.
2. Bei weiterer Vervollkommnung vermögen diese Maschinen derartige Geschwindigkeiten zu erreichen, daß sie – im Ätherraum sich selbst überlassen – nicht auf die Erdoberfläche zurückfallen müssen und sogar im Stande sind, den Anziehungsbereich der Erde zu verlassen.
3. Derartige Maschinen können so gebaut werden, daß Menschen (wahrscheinlich ohne gesundheitlichen Nachteil) mit emporfahren können.

4. Unter den heutigen wirtschaftlichen Bedingungen wird sich der Bau solcher Maschinen lohnen."

Aber weder ein wissenschaftliches Institut noch ein experimentierfreudiges Industrieunternehmen halfen, diese Ideen in die Tat umzusetzen. Oberth fand Unterstützung, wo er sie nicht erwartet hatte – bei dem Filmregisseur Fritz Lang, der im Auftrag der UFA unter dem Titel „Frau im Mond" einen Film drehte, um das langsam aufkommende Interesse für die noch utopisch erscheinende Raumfahrt aufzugreifen. Der Schulprofessor übernahm die technische Beratung. Aus Werbezwecken sollte gleichzeitig zur Filmpremiere eine Rakete gestartet werden, an deren Entwicklung auch der Flugzeugkonstrukteur Rudolf Nebel beteiligt war. Sie konnte allerdings nicht mehr rechtzeitig fertiggestellt werden. Dafür wurden die Versuche wenig später in der Chemisch-Technischen Versuchsanstalt in Plötzensee bei Berlin erfolgreich fortgesetzt.

Zu den Mitarbeitern Oberths und Nebels gehörte auch der damals achtzehnjährige Wernher von Braun. Als er knapp vierzig Jahre später mit dem Unternehmen Apollo 11 und der ersten Landung von Menschen auf dem Mond seinen größten Erfolg feiern konnte, waren seine beiden Lehrer als Gäste auf Cape Canaveral dabei und erlebten den Start der riesigen von Wernher von Braun entwickelten Saturn 5-Rakete.

„Wir haben Raketen nicht erdacht und gebaut, um unseren Planeten mit ihnen zu zerstören, sondern um andere Planeten mit ihnen zu erreichen." Dieses Wort Wernher von Brauns kann nicht darüber hinwegtäuschen, daß entscheidende Fortschritte der Raketenentwicklung im Dienste der Kriegstechnik erzielt wurden. Was in der Versuchsstelle für Flüssigkeitsraketen in Kummersdorf bei Berlin Anfang der dreißiger Jahre begann, endete 1942 mit dem ersten Höhenflug einer einstufigen Flüssigkeitsrakete bei Peenemünde unter der Bezeichnung A 4, die schließlich als sogenannte Vergeltungswaffe V 2 Bomben nach London und Antwerpen trug.

Es läßt sich weder leugnen noch verschleiern, daß einige Wegbereiter der Raumfahrt in jenen Jahren einen verhängnisvollen

Pakt mit dem Teufel geschlossen haben, obwohl sie andere Ziele im Auge hatten. Erneut sollte sich erweisen, daß der Krieg auch auf diesem Gebiet wie in vielen anderen technischen Bereichen ein entscheidender Impulsgeber war.

2. Signale aus dem Erdorbit

Deutschlands Raketenkonstrukteure gehörten 1945 zur begehrten „Kriegsbeute" der Alliierten. Ihre Kenntnisse, Pläne und Geräte weiterzuentwickeln, lag im Interesse der Militärs sowohl in Washington als auch in Moskau.

Mit einer Gruppe von sieben Mitarbeitern, denen später weitere folgten, gelangte Wernher von Braun bereits im September 1945 in die USA, wo er Leiter eines Entwicklungsteams wurde, das der US Army unterstellt war. Wenige Monate später, im März 1946, startete auf dem Testgelände von New Mexiko zum erstenmal eine A 4-Rakete, die den Amerikanern im thüringischen Nordhausen in die Hände gefallen war.

Ein anderer deutscher Raketenspezialist, Helmut Gröttrup, schlug das Angebot der Amerikaner aus, ebenfalls in die USA zu gehen. Er arbeitete zunächst als Leiter des sogenannten Instituts Rabe in der sowjetischen Besatzungszone, bis er zusammen mit etwa 5000 Ingenieuren und deren Angehörigen Ende Oktober 1946 überraschend in die Sowjetunion transportiert wurde. Auch ihre Aufgabe war die Weiterentwicklung der deutschen V-Waffen. Mit dem ersten Start ein Jahr später in Kasachstan gelang ein Flug über 350 km.

Nicht zu übersehen ist in dieser Zeit die Rivalität der beiden Großmächte auf dem Gebiet der neuen Technik – zumal mit dem beginnenden kalten Krieg die militärische Überlegenheit eine alles überragende Bedeutung erlangte. Erst mit der Vorbereitung auf das Internationale Geophysikalische Jahr 1957/58 kam endlich die Wende zur zivilen Weltraumfahrt. Raketen sollten Satelliten zu Forschungszwecken in eine Erdumlaufbahn bringen.

Sputnik – Triumph des Ostens

Obwohl Gerüchte – vor allem in Fachkreisen – umliefen: Das Ereignis kam überraschend. Selbst die in ihrer Berichterstattung eher nüchterne „Frankfurter Allgemeine" verkündete mit den größten Lettern „Das planetarische Zeitalter hat begonnen", und ihr Kommentator schrieb: „Man sucht nach einem Wort, das die Motoren und den Betrieb auf unserem alten Stern für einige Minuten still stellen könnte. Das Wort stellt sich nicht ein."

Mit ihrem Satelliten Sputnik (Begleiter, Trabant) war der Sowjetunion eine Weltpremiere gelungen. Auch wenn das kugelförmige Gerät nur einen Durchmesser von 60 cm und eine Masse von 84 kg hatte – sein Start am 4. Oktober 1957 eröffnete das Zeitalter der Weltraumfahrt. Aus einer Umlaufbahn zwischen 228 und 947 km Höhe sendeten seine Stabantennen Ortungssignale und Messwerte. Zum erstenmal konnte man Erkenntnisse über die Luftdichte und über die Struktur der Ionosphäre gewinnen (in ca. 70 – 150 km Höhe).

Während man in den USA, dem politischen und militärischen Rivalen der Sowjetunion, in offiziellen Kreisen zwischen Sorge und Beschwichtigungsversuchen schwankte, konnte niemand darüber hinwegtäuschen, daß der sowjetische Erfolg nicht zuletzt in den Augen der dritten Welt ein Prestigegewinn für die östliche Weltmacht und deren Ideologie bedeutete. Und als der sowjetische Vertreter auf dem gleichzeitig stattfindenden Kongreß für Astronautik in Barcelona mitteilte, man werde die wissenschaftlichen Ergebnisse des Premierenflugs bald veröffentlichen, konnten viele Amerikaner den Eindruck nicht verwischen, daß ihre Nation auf wissenschaftlich-technischem Gebiet, auf dem sie bis zu diesem Tag zu Recht glaubte, eine Führungsrolle inne zu haben, an die zweite Stelle gerückt war. Den „Sputnik-Schock" haben sie erst zwölf Jahre später endgültig überwunden, als zwei Amerikaner als erste Astronauten den Mond betraten.

Explorer – Amerika zieht nach

Die immer lauter werdende Kritik in den USA führte zu einer übereilten Reaktion, die in einem Debakel endete. Am 4. Dezember – zwei Monate nach dem Sputnikstart – sollte von Cape Canaveral ein erster amerikanischer Testsatellit in den Weltraum gebracht werden. Reporter nicht nur aus den Vereinigten Staaten, sondern auch aus Übersee waren als Zeugen zu diesem Ereignis eingeladen, während das Fernsehpublikum am Bildschirm saß.

Jedoch, der Countdown begann verspätet, wurde unterbrochen und wieder aufgenommen. Und dann das Desaster, denn das Unternehmen Vanguard endete nach wenigen Sekunden. Das Gerät hatte sich nur einige Meter von der Plattform erhoben, als es explodierte. Beteiligte und Zuschauer wurden fatal an die zahlreichen Fehlstarts der Raketen erinnert, die unter den Bezeichnungen Jupiter, Thor und Atlas in den fünfziger Jahren zunächst für militärische Zwecke in den USA entwickelt worden waren.

Es sollte noch bis zum 1. Februar 1958 dauern – die Sowjetunion hatte bereits ihren zweiten Sputnik in den Weltraum gebracht – bis auch die Amerikaner ihren ersten Erfolg melden konnten. Mit der Bezeichnung Explorer (Kundschafter) brachten sie einen Satelliten in den Erdorbit, der mit seiner Masse von nur 8,2 kg zwar als kosmischer Winzling erschien, aber als Ergebnis eine wissenschaftliche Überraschung bereithielt: Das mit einem Magnetometer und einem Geigerzähler ausgerüstete Gerät entdeckte auf seiner Umlaufbahn zwischen 341 und 2535 km die bisher unbekannte Form eines die Erde umgebenden Strahlungsgürtels, den man nach seinem Entdecker Van Allen benannte.

Das Explorer-Programm wurde mit 55 Starts bis 1975 fortgesetzt und brachte der Wissenschaft zahlreiche neue Erkenntnisse auf den Gebieten Geophysik, Astronomie sowie Sonnen- und Meteoritenforschung. Nicht weniger als zehn Flüge dieser Serie dienten bereits interplanetaren Untersuchungen.

Laika und Ham

Sowohl im Osten wie im Westen stand außer Zweifel, daß den unbemannten Satelliten eines Tages Menschen in den Weltraum folgen würden. Wie aber würde der Mensch und sein Organismus auf die andersartigen Bedingungen des Kosmos, vor allem auf die Schwerelosigkeit, reagieren? Welche Geräte mußten entwickelt werden, um sein Überleben zu gewährleisten? Es lag nahe, zunächst Tiere und deren Verhalten im Erdorbit zu testen.

Den Anfang machte auch auf diesem Feld die Sowjetunion. Bereits an Bord von Sputnik 2, einem kegelförmigen Gerät mit einer Masse von 504 kg und einer Höhe von 4 Metern, befand sich eine Polarhündin, der man den Namen Laika gegeben hatte, in einer Kabine mit Klimaanlage und Nahrungsmitteln.

Mit der Übertragung von Daten gelang es so, erste Informationen über die Funktionen eines Lebewesens in der Schwerelosigkeit zu sammeln. Man hatte zunächst vermutet, daß Laika nach Erfüllung ihrer Mission wieder zur Erde zurückkehren könnte. Sie wurde jedoch nach einer Woche getötet – „schmerzlos", wie es offiziell hieß. Daß ihr Schicksal Tierschützer in vielen Ländern auf den Plan rief, sollte ebenso wenig verschwiegen werden wie die Tatsache, daß dieses Unternehmen übereilt unter politischem Druck vorbereitet worden war: Zum 40. Jahrestag ihrer Oktoberrevolution, der am 7. November 1957 gefeiert wurde, wollte die Sowjetunion nach ihrem Premierenerfolg ein neues Zeichen ihrer Überlegenheit setzen.

Zur Vorbereitung bemannter Raumflüge wählten die Amerikaner einen anderen Weg. Im medizinischen Institut der US-Luftwaffe wurde unter 100 Artgenossen der Schimpanse Ham als Versuchstier ausgewählt. Auf einem ballistischen Flug, der ihn bis auf eine Höhe von 253 km brachte, wurde seine Reaktion durch verschiedene Experimente ermittelt. Nach der Rückkehr zur Erde verriet seine Mimik, daß er wenig Lust an einer Wiederholung seines Testflugs verspürte. Als vielfach bestaunter Raumfahrtpensionär verbrachte er lieber den Rest seines Lebens in einem Washingtoner Zoo.

3. Die ersten Helden der Astronautik

Schon wenige Tage nach Gründung der amerikanischen Weltraumbehörde NASA gegen Ende des Jahres 1958 wurde in den USA ein Programm unter der optimistischen Bezeichnung „Man in Space" verkündet, das den Weg zur bemannten Raumfahrt weisen sollte. Im auffälligen Gegensatz zu der UdSSR, wo jedes Raumfahrtunternehmen strengster Geheimhaltung unterlag, betrieben die Amerikaner eine offene, um nicht zu sagen offensive Öffentlichkeitspolitik. Journalisten erhielten jede detaillierte Information, die sie wünschten. Fachleute standen als Interviewpartner zur Verfügung. Es gab kaum Einschränkungen, wenn man die Startanlage auf Cape Canaveral besichtigen wollte, und mit großem Medienaufwand wurden im April 1959 die sieben Männer vorgestellt, die sich auf Flüge in Mercury-Kapseln vorbereiteten.

Zu den weniger beachteten Unterschieden zwischen West und Ost gehörten auch die Bezeichnungen, die man für die Raumfahrer vorsah. Während die Amerikaner sie Astronauten („die zu den Sternen fahren") nannten, wählten die Russen den etwas bescheideneren Titel Kosmonauten („die in den Kosmos fliegen").

Juri Gagarin und Wostok

Nach fünf Testflügen, wobei erneut Hunde als Ersatzkosmonauten herhalten mußten, wurde auf dem großen Startgelände bei Baikonur in Kasachstan, wo auch die Starts der Sputniks erfolgt waren, eine neue Premiere vorbereitet. Auf der Rampe stand die dreistufige, 38 m hohe Wostok-Rakete mit einem Startgewicht von 350 bis 400 t.

Das Datum – 12. April 1961 – sollte wie nur wenige andere in die Geschichte der Astronautik eingehen. Dreieinhalb Jahre nach dem ersten Raumflug eines künstlichen Erdsatelliten, saß in einem Raumfahrzeug an der Spitze der Rakete ein Mensch: der 27jährige Jagdfliegeroffizier Juri Gagarin. Sein Start erfolgte um 9.07 Uhr Moskauer Zeit.

Seine kugelförmige Kapsel mit einem Durchmesser von 2,3 Metern und einer Masse von 2,4 t war während der Erdumrundung mit einem Versorgungsteil verbunden, das u. a. Einrichtungen für die Energieversorgung und die Steuerung sowie Funkanlagen enthielt, so daß die Gesamtlänge über 7 m betrug.

Das Raumschiff, in dem sich der Kosmonaut mit seinem Raumanzug, an dem Messgeräte befestigt waren, kaum bewegen konnte, war mit drei größeren Luken und drei kleinen Sichtfenstern ausgestattet. Gagarin atmete ein normales Luftgemisch, was wegen des höheren Gewichts keine optimale Lösung darstellte. Während des Flugs wurde er ständig von einer Fernsehkamera überwacht. Seine Beobachtungen gab er entweder per Sprechfunk weiter oder zeichnete sie auf einem Rekorder auf, wenn er nicht in Reichweite der Bodenstationen war. Die Flugbahn der Wostok bewegte sich zwischen 181 und 237 km, ihre Geschwindigkeit betrug auf dieser elliptischen Bahn 28 000 km pro Stunde. Da für diesen ersten Raumflug eines Menschen von vornherein nur ein Erdumlauf vorgesehen war, erfolgte die Landung mit Hilfe von Bremsfallschirmen nach 1 Stunde und 48 Minuten im Gebiet von Saratow an der Wolga.

Erst später wurde bekannt, daß Gagarins Flug nicht ohne Probleme verlaufen ist. Nach der von der Bodenstation eingeleiteten Rückkehr konnte zunächst der neben der Kapsel angebrachte Schwenkarm nicht abgetrennt werden. Er verglühte schließlich beim Eintritt in die Erdatmosphäre, so daß das Unternehmen einen glücklichen Abschluß finden konnte.

Juri Gagarin wurde nicht nur in der Sowjetunion und in ihren Bündnisstaaten zu einem gefeierten Idol der Jugend. Bescheiden im Hintergrund blieb indessen ein anderer Mann, der wie kein zweiter an den Erfolgen des Ostens in diesen Jahren beteiligt war: der Ziolkowski-Schüler und Raumfahrtingenieur Sergei Pawlowitsch Koroljow.

Kennzeichnend für die sowjetische Raumfahrttechnik war von Anfang an ein wenig beachteter ökonomischer Aspekt. Während in den USA ständig neue Raketen- und Satellitentypen geplant und gebaut wurden, versuchte man im Osten gleichartige oder leicht modifizierte Bauteile für unterschiedliche Unternehmungen zu verwenden. Das gilt für Raketen ebenso wie für Raumschiffe und unbemannte Satelliten. Bemerkenswertes Beispiel dafür ist die Modulbautechnik der Kosmos-Serie.

Vision eines Präsidenten

Die USA standen unter Zugzwang. Nicht nur das Prestige einer Weltmacht, die lange Zeit auf technisch-wissenschaftlichem Gebiet eine Führungsrolle eingenommen hatte, schien verspielt zu sein. Auch durch das außenpolitische Debakel bei der Auseinandersetzung mit Kuba und dem mißlungenen Unternehmen in der Schweinebucht 1961 fühlte sich die amerikanische Öffentlichkeit brüskiert.

So war der Versuch, durch ein erfolgreiches Unternehmen in der Raumfahrt von diesem außenpolitischen Mißerfolg abzulenken, allzu verständlich. Dazu sollte das Programm Mercury dienen, für das die siebenköpfige Astronauten-Mannschaft längst vorbereitet und trainiert war. Dabei handelte es sich ausschließlich um Testpiloten, die nicht über 40 Jahre alt und nicht größer als 1,80 m sein durften. Bedingung war außerdem ein abgeschlossenes Studium der Natur- oder Ingenieurwissenschaften.

Da die Amerikaner bei ihren Weltraumunternehmungen, schon weil diese sich ohne Netz und doppelten Boden in aller Öffentlichkeit abspielten, jedes unvernünftige Risiko ausschließen wollten, war eine Anzahl unbemannter Testflüge erforderlich. Auch sollte der erste Flug noch nicht wie bei Gagarin in die Erdumlaufbahn führen. Stattdessen begnügte man sich zunächst mit zwei suborbitalen, also ballistischen Flügen. Freedom 7 (die Zahlenangabe bezog sich auf die Kopfstärke der ersten Astronautengeneration) brachte Alan Shepard am 5. Mai 1961 auf eine Höhe von 185 km. Sein Ausflug in den Weltraum mit Hilfe der inzwischen auf 25,3 m verlängerten Redstone-Rakete dauerte zwar nur etwas mehr als 15 Minuten, aber der Test, bei dem 40 000 Zuschauer, darunter einige hundert Journalisten Zeugen waren, konnte guten Gewissens gefeiert werden – zumal die Landung im Atlantik fast 500 km vom Startplatz entfernt in

Nähe des Bergungshubschraubers erfolgte, der die Kapsel und den Astronauten in wenigen Minuten auf dem in Bereitschaft gehaltenen Flugzeugträger absetzte.

Der Erfolg der Freedom 7, der zwar den Vorsprung des Ostens nicht vollends ausgleichen konnte, verführte den amerikanischen Präsidenten, John F. Kennedy, bereits zwanzig Tage später zu einer Forderung, die vielen voreilig erschien, seinen Landsleuten aber das beschädigte Selbstbewußtsein zurückgab. Vor den beiden Häusern des Kongresses in Washington steckte er das Ziel ab, das von nun an für das Programm der NASA maßgebend sein sollte: „Jetzt ist Zeit für ein großes, neues amerikanisches Wagnis, Zeit für diese Nation, die führende Rolle in der Raumfahrt zu übernehmen, in der auch der Schlüssel für unsere Zukunft hier auf der Erde zu finden sein mag. Ich glaube, daß diese Nation sich das Ziel setzen sollte, noch vor Ende dieses Jahrzehnts einen Mann auf dem Mond zu landen und ihn sicher wieder zur Erde zurückzubringen." Damit war das Signal für einen Wettlauf zwischen West und Ost gegeben, der die bemannte Raumfahrt in den folgenden Jahren beherrschen sollte.

Noch einmal folgte ein ballistischer Test, bevor man das Programm mit einem Orbitalflug fortsetzen wollte. Dabei hatte Virgil Grissom im Juli 1961 weniger Glück als sein Vorgänger Alan Shepard. Bei der Wasserung im Atlantik wurde versehentlich die Ausstiegsluke der Mercury-Kapsel abgesprengt. Wasser drang ein, und wegen der dadurch bedingten Gewichtzunahme konnte das Gerät trotz verzweifelter Versuche des Hubschrauberpiloten nicht mehr geborgen werden. Virgil Grissom hingegen kam mit dem Schrecken davon.

John Glenn

Als im August 1961 der Sowjetkosmonaut German Titow in 25 Stunden 17 mal die Erde umrundete, wurde die Geduld der Amerikaner erneut auf die Folter gespannt. Noch mußten sie ein halbes Jahr warten, bis endlich zum erstenmal einer ihrer Landsleute auf Cape Canaveral eine Kapsel bestieg, um zu einem Orbitalflug zu starten. Siebenmal mußte zuvor der Countdown abgebrochen werden – teils wegen ungünstiger Witterung, teils weil die Rakete Mängel aufwies.

Am 20. Februar 1962 war es endlich soweit: John Glenn, 40jähriger Oberstleutnant mit zahlreichen Auszeichnungen, erfahrener Pilot und Sprecher der US-Astronautenmannschaft zwängte sich an der Spitze einer Atlas-Rakete in seine Mercury-Kapsel. 100 Millionen seiner Landsleute saßen vor den Fernsehgeräten, als um 9.47 Uhr der Start erfolgte. Nicht weniger als 2000 Mann zählte die Mannschaft auf Amerikas Weltraumbahnhof, weitere 15 000 Mann sollten auf Schiffen und an Bord von Spezialflugzeugen für die Bergung sorgen. Anders als ihre sowjetischen Kollegen, die ungebetene Zeugen fürchteten und deshalb grundsätzlich auf dem Festland landeten, war für die Amerikaner Wasserung vorgesehen.

„In diese Kapsel steigt man nicht ein. Man zieht sie an", so beschrieb Glenn selbst die Mercury. 2,70 m hoch war das kegelförmige Gerät, an der Basis 1,80 m breit. Die Masse betrug ca. 1350 kg. Aus Sicherheitsgründen waren alle entscheidenden Funktionen abgesichert und zum Teil dreifach ausgelegt. Während seiner Erdumrundungen stand der Astronaut in ständigem Kontakt mit der Bodenstation. Die Funkanlagen dienten sowohl für den Sprechfunkverkehr als auch für die Übertragung der verschiedenen Messwerte. Glenn, der während des Flugs reinen Sauerstoff atmete, war mit zahlreichen Sensoren ausgerüstet, mit deren Hilfe der Arzt im Kontrollzentrum jederzeit Atmung, Blutdruck und Körpertemperatur überwachen konnte.

Weil es Probleme mit dem automatischen Lagesteuerungssystem gab, ging der Astronaut nach einiger Zeit auf Handsteuerung über. Was er nicht bemerkte, den Männern im Kontrollzentrum jedoch den Schweiß auf die Stirne trieb, war eine Panne, die bei der Rückkehr zu einer Katastrophe hätte führen können: Der Hitzeschild hatte sich gelöst und wurde nur noch durch einige Stahlbänder festgehalten.

Während er sich beim dritten Umlauf der kalifornischen Küste nähert, zündet Glenn die Bremsraketen. Als er wenig später wieder in die Erdatmosphäre eintaucht, sieht er durch sein Kabinenfenster die Flammen des verglühenden Schutzschilds, der sich jedoch nicht gelöst, sondern seine Funktion erfüllt hat. Wie erwartet, reißt für einige Minuten der Funkkontakt ab. Dann meldet er sich mit der Nachricht, die Millionen aufatmen läßt: „Es geht mir gut, aber es war eine Reise durch einen Feuerball."

Nur wenige Meilen neben einem der Flugzeugträger landet er, nachdem sich der riesige Landefallschirm in 3000 m Höhe geöffnet hat, im vorgesehenen Zielgebiet. Amerika jubelt. Mehrere Städte ernennen ihn zum Ehrenbürger, Schulen tragen seinen Namen und in New York feiern ihn Millionen mit einer Konfettiparade.

Doppelflug und Frau im Kosmos

Das Interesse an bemannten Raumfahrtunternehmungen läßt auch nach den erfolgreichen Erstflügen keineswegs nach. Das beweist nicht zuletzt die ausführliche Berichterstattung in den Medien während der vier weiteren Starts, die 1962 erfolgen. Zweimal sind es Russen und zweimal Amerikaner, die die Serien der Tests fortsetzen. Dabei kommt es beiden Raumfahrtnationen darauf an, sowohl das technische Gerät zu erproben als auch Erkenntnisse über die physiologischen und psychologischen Auswirkungen der Schwerelosigkeit zu gewinnen.

Drei Monate nach Glenn unternimmt Scott Carpenter einen Flug, der ebenfalls auf drei Erdumläufe beschränkt bleibt und im wesentlichen die Aufgaben seines Vorgängers wiederholt. Dabei ergeben sich erneut Probleme mit der Automatik, die den Astronauten zwingen, zwischen Handsteuerung und Lagesteuerungssystem hin und her zu schalten, wodurch jedoch soviel Treibstoff verbraucht wird, daß Gefahr für die letzte Phase des Flugs besteht, weil die Lage der Kapsel während des Eintritts in die Erdatmosphäre nur noch beschränkt reguliert werden kann. Schließlich wird Carpenter einer besonderen Geduldsprobe unterzogen, weil er weitab von der Bergungsflotte im Atlantik landet und erst nach zwei Stunden geborgen werden kann.

Im August 1962 warten die Russen erneut mit einer Überraschung auf, als sie im Abstand von 24 Stunden Wostok 3 und Wostok 4 in den Weltraum bringen. Die Kosmonauten dieses ersten Doppelflugs, Andrijan Nikolajew und Pawel Popowitsch, nähern sich im Erdorbit zwar bis auf wenige Kilometer und haben dabei auch Funkkontakt, zugleich zeigt sich jedoch, daß ein Rendezvous wegen der unterschiedlichen Flugbahnen noch nicht möglich ist. Indessen können die Mediziner bei diesen bisher längsten Flügen mit einer Dauer von 3 bzw. 4 Tagen neue Erkenntnisse über die Raumkrankheit, die zuvor German Titow erheblich belastet hat, gewinnen.

Ohne dramatische Begleiterscheinungen verlaufen die Unternehmungen Mercury 8 und 9, wobei Walter Schirra eine Ziellandung gelingt und Gordon Cooper während seiner 22 Erdumläufe zahlreiche Fotoaufnahmen der Erde macht und Beobachtungen mitteilt, die seinen Partnern im Kontrollzentrum zunächst unglaubwürdig vorkommen, weil er behauptet, aus seiner Flughöhe von mehr als 200 km Details wie Schiffe und sogar Häuser zu erkennen.

Während die Amerikaner mit diesem Unternehmen ihr Programm der Ein-Mann-Kapseln beenden, sorgt die UdSSR noch einmal für eine Sensation, als sie bei ihrem zweiten Doppelflug im Juni 1963 mit Walentina Tereschkowa zum erstenmal eine Frau in den Kosmos bringt. Die 26jährige Textilingenieurin ist zwar eine erfolgreiche Fallschirmspringerin, aber keine Testpilotin. Auch wenn sie sich während ihrer Erdumrundungen weitgehend passiv verhalten kann, weil ihre Kapsel von der Erde aus gesteuert wird, erbringt sie immerhin den Beweis, daß auch der weibliche Organismus für längere Zeit Schwerelosigkeit ohne Schaden ertragen kann. Im übrigen darf man ihre zweifellos mutige Unternehmung auch unter dem Blickwinkel eines geschickten Propagandatricks sehen.

4. Mit Robotern zu unseren kosmischen Nachbarn

Es ist allzu verständlich, daß vor allem bemannte Weltraumunternehmungen das Interesse eines breiten Publikums fanden. Denn noch war jeder Flug in den Kosmos ein Abenteuer voller Risiken. Kosmonauten und Astronauten wurden zu Abgesandten des *homo sapiens*, die in eine neue Welt vorstießen und damit einen alten Menschheitstraum erfüllten.

Aber schon in den fünfziger und sechziger Jahren gab es neben erdumkreisenden Satelliten, die das Umfeld unseres Heimatplaneten zu erforschen suchten, eine Anzahl von interplanetaren Sonden im Dienst der Wissenschaft. Sie sollten die Jahrhunderte langen Bemühungen der Fernrohr-Astronomie und der Astrophysik ergänzen und zu neuen Erkenntnissen führen. Zum erstenmal wurde dabei das Schwerefeld der Erde verlassen.

Neue Bilder vom Mond

Der Trabant der Erde, der in einer durchschnittlichen Entfernung von 384 000 km unseren Planeten umrundet, war bis zum Juli 1969, als zum erstenmal Menschen den Mond betraten, mehr als 70 mal das Ziel von Forschungssonden, wobei die USA im Herbst 1958 den Anfang machten. Wenn man sich allerdings die Chronologie dieser Roboterflüge anschaut, ist man nicht wenig über die große Zahl der Fehlschläge erstaunt. Etliche dieser Unternehmungen endeten bereits in der Startphase, manche Sonde kam nicht aus der Erdumlaufbahn heraus oder verfehlte ihr Ziel und flog in beträchtlicher Entfernung am Mond vorbei.

Die Mehrzahl dieser Sonden sollte bei der Annäherung an den Erdtrabanten Aufnahmen zu den irdischen Empfangsstationen senden, wenn sie den Mond umflogen oder bevor sie auf seiner Oberfläche aufschlugen. Wieder waren sowjetische Ingenieure für eine Überraschung gut, als es ihnen schon im Oktober 1959 gelang, mit Lunik 3 erste Bilder von der Rückseite dieses Himmelskörpers, der in seiner gebundenen Rotation uns stets nur seine Vorderseite zeigt, aufzunehmen und zu übertragen. Die

Entfernung, aus der diese Aufnahmen entstanden, betrug allerdings 60 000 km, so daß Einzelheiten kaum auszumachen waren. Es wurden zunächst auch nur drei dieser Bilder publiziert. Immerhin gaben die Sowjets entgegen ihrer sonst üblichen Zurückhaltung detailliert Auskunft über die Flugbahn von Lunik 3, und etwas später informierte TASS auch noch über die photographische Technik, die diesen sensationellen Erfolg ermöglicht hat. Demnach hatte die Kamera zwei Objektive mit Brennweiten von 200 und 500 mm. Die kurze Brennweite besorgte Bilder der gesamten Mondoberfläche, während das zweite Objektiv Ausschnitte aufnahm. Schließlich wurde von der Akademie der Wissenschaften in der UdSSR eine Kommission gebildet, die Namen für die Gebirge und Krater der Mondrückseite finden musste. Seitdem gibt es ein Mare Moscovianum und einen Krater Ziolkowski.

Nach diesem zweifellos überraschenden Erfolg dauerte es jedoch noch einige Jahre, bis auf östlicher wie auf westlicher Seite Erfolge verzeichnet werden konnten, die für eine bemannte Landung auf dem Erdtrabanten erforderlich waren. Den Amerikanern gelang es zumindest mit den letzten Unternehmungen ihrer Ranger-Serie zahlreiche Aufnahmen an die Empfangsstationen zu senden, die am Ende der Anflugphase Einzelheiten in einer Größenordnung von weniger als einem Meter erkennen ließen. Die Sowjets unternahmen 1966 mit Luna 9 die erste weiche Landung und übermittelten Daten aus der Mondumlaufbahn.

Wieder einen Schritt weiter gingen die USA mit ihren Surveyor- und Lunar Orbiter-Sonden. Während es die Aufgabe von Surveyor war, nach weichen Landungen in verschiedenen Mondregionen nicht nur Aufnahmen der jeweiligen Umgebung, sondern auch Analysen von Bodenproben zu übermitteln, wurden während des Lunar Orbiter-Programms mit insgesamt fünf Flügen und wochenlangen Mondumrundungen die Voraussetzungen für einen Atlas dieses Himmelskörpers geschaffen, wie man ihn mit den besten Fernrohren nicht erstellen konnte. So waren die USA auf das große Ziel vorbereitet, Menschen zu unserem kosmischen Nachbarn zu schicken – zumal nun auch ausreichende Informationen über mögliche Landeplätze vorlagen.

Zum roten Planeten

Ähnlich wie der Mond als erdnächster Himmelskörper erregte auch unser Nachbarplanet Mars seit eh und je die Phantasie der Wissenschaftler und Laien. Mit seinem Äquatordurchmesser von 6770 km ist er zwar wesentlich kleiner als unser Heimatplanet – seine Masse beträgt nur ein Zehntel der Erdmasse –, aber weil er eine, wenn auch sehr dünne Atmosphäre hat, wurden immer wieder Vermutungen geäußert, daß auf ihm als einzigem Planeten in unserem Sonnensystem Leben möglich sei. Als gar der italienische Astronom Schiaparelli, Direktor der Sternwarte Mailand, 1877 glaubte, Marskanäle entdeckt zu haben, schossen Spekulationen ins Kraut, bis man am Ende über „kleine grüne Männchen" zu phantasieren begann.

Bei dem Versuch mit Hilfe von Raumsonden mehr über unseren geheimnisvollen Nachbarn zu erfahren, machte erneut – wie in diesen Jahren üblich – die UdSSR den Anfang, hatte dabei allerdings ähnlich wie bei den ersten Flügen ihrer Mondsonden wenig Glück. Zwischen Oktober 1960 und November 1962 scheiterten fünf ihrer Unternehmungen wegen Fehlstarts oder weil die Geräte in der Erdumlaufbahn explodierten.

Etwas mehr Glück hatten die amerikanischen Marsforscher in den folgenden Jahren mit ihren interplanetaren Pfadfindern vom Typ Mariner. Zwar mißglückte auch ihr erster Versuch, das Ziel zu erreichen, wegen technischer Mängel. Aber dann gelang ihnen im Juli 1965 nach einer Reise von siebeneinhalb Monaten ein Vorbeiflug am Mars in einer Entfernung von 9800 km. 21 Bilder wurden bei der Annäherung zur Erde gefunkt – dazu eine große Zahl wissenschaftlicher Daten. Die Übertragung jedes einzelnen Bildes dauerte achteinhalb Stunden. Immerhin waren dabei 200 Millionen km zu überbrücken.

Drei Wochen später stand bereits wieder ein sowjetischer Versuch auf dem Programm. Dabei näherte sich die Sonde 2 dem roten Planeten sogar bis auf 1600 km, aber es gab keine Funkverbindung. Bis zum Sommer 1976, als mit dem Viking-Programm ein neuer Abschnitt der Marsforschung begann, über den später zu berichten ist, gab es zwölf weitere Versuche, sich unserem kosmischen Nachbarn zu nähern, die von zwei Fehlschlägen abgesehen, alle erfolgreich waren.

Die Mariner-Sonde, deren vier Solarzellenausleger mit einer Spannweite von fast sieben Metern wie Windmühlenflügel angeordnet waren, hatte eine Masse von 260 kg. Zur technisch-wissenschaftlichen Ausrüstung gehörte neben der Fernsehkamera unter anderem ein Magnetometer, ein Meßgerät für kosmische Strahlung und ein Mikrometeoritendetektor. Von den verschiedenen Erkundungsflügen dieses Programms erreichten Millionen von Daten die Bodenstation.

Das östliche Gegenstück mit der Bezeichnung Mars 1 hatte eine Masse von fast 900 kg, spätere Sonden dieser Serie kamen sogar auf jeweils 4650 kg, weil sie nicht nur für Vorbeiflüge vorgesehen waren, sondern auch einen Geräteteil enthielten, der am Fallschirm auf dem Planeten landen sollte. Wie schwierig ein solches Manöver war, beweist die Tatsache, daß von sechs Versuchen nur einer zu einem Teilerfolg führte. Enttäuscht mußten Konstrukteure und Wissenschaftler dann allerdings feststellen, daß die Bildübertragung schon nach wenigen Sekunden versagte.

Insgesamt haben die 20 Marsexkursionen, die bis 1974 unternommen wurden, trotz vieler Mängel und Fehlschläge unsere Kenntnis von diesem Himmelskörper in einer Weise bereichert, wie es mit 300 Jahren Fernrohr-Astronomie nicht möglich war. Mit Tausenden von Bildern konnte ein fast vollständiger Marsatlas zusammengestellt werden. Große und kleine Krater ließen zwar Vergleiche mit der Struktur unseres Erdmonds zu, aber Wolkenbildungen und Stürme in der Marsatmosphäre bewiesen, daß dieser Planet in unserem Sonnensystem eine besondere Stellung einnimmt. Die Frage, ob er einmal Wasser enthielt und damit auch Leben ermöglichte, konnte vorerst jedoch noch nicht beantwortet werden.

Zwischen Erde und Sonne

Während die Oberfläche des Mars – von Zeiten starker Stürme und Wolkenbildungen abgesehen – mit Fernrohren zumindest in ihren wesentlichen Strukturen auch von der Erde aus zu erkennen ist, bleibt die Venus für den astronomischen Beobachter nach wie vor geheimnisvoll. Schuld ist die dichte Atmosphäre, die diesen zweiten Nachbarplaneten der Erde, der sich uns bis auf eine Distanz von 40 Millionen km nähert, umhüllt. Es war deshalb verständlich, daß die Wissenschaft ihren Ehrgeiz darein setzte, mit Hilfe der Raumfahrttechnik mehr über ihn zu erfahren. Es waren vor allem die Planetenforscher der UdSSR, die hier mit Hilfe von Sonden ein neues außergewöhnliches Betätigungsfeld fanden. Tatsächlich stammen von den 25 Robotern, die man in den ersten 20 Jahren seit Beginn der Raumfahrt auf den Weg zur Venus schickte, 21 aus der Sowjetunion.

Ähnlich wie bei den Marserkundungen begannen auch die Exkursionen zur Venus mit etlichen Fehlschlägen, und es dauerte einige Jahre, bis mit der Sonde Venus 4 erstmals Daten aus der Atmosphäre dieses Planeten zur Erde gefunkt werden konnten. Um mehr über die Beschaffenheit, die Oberfläche und die unmittelbare Umgebung der Venus zu erfahren, konnte man sich verständlicherweise nicht mit Vorbeiflügen begnügen. Man mußte vielmehr ihre Hülle durchstoßen, um die Rätsel, die sie der Wissenschaft aufgab, zu lösen. Die Erfolge, die die Konstrukteure mit ihren Robotern der Venus-Serie dabei erzielten, fanden weltweit Anerkennung. Es bedurfte einer nicht geringen Zahl von Daten und Aufnahmen, bis man sich auf ein neues Bild dieses Planeten, der etwa so groß ist wie unsere Erde, einigen konnte: Seine Atmosphäre besteht zu 93–97% aus Kohlendioxyd, Sauerstoff macht lediglich 0,4% aus. Der Treibhauseffekt hält die Temperaturen an seiner Oberfläche Tag und Nacht nahezu konstant bei 500 Grad Celsius.

Die Amerikaner verzichteten bei ihren Venusexkursionen vorerst auf Landungen und begnügten sich mit 4 Marinersonden auf Vorbeiflüge, die zumindest eine beträchtliche Anzahl von Aufnahmen ergaben. Dabei gelang ihnen im März 1974 ein besonderes Kunststück, denn nachdem ihr Gerät sich bis auf 5760 km der Venus genähert und 6800 Bilder aufgenommen hatte, wurde es etwas mehr als sieben Wochen später am sonnennächsten Planeten Merkur vorübergeführt, wo aus einer stark elliptischen Umlaufbahn im Verlauf eines Jahres etwa 10 000 Bilder entstanden. So wurde es möglich, diesen Himmelskörper mit einem Durchmesser von 4840 km, der wegen seiner Nähe zur Sonne von der Erde nur schwer zu beobachten ist, zu 40% zu kartographieren. Seine Oberfläche ähnelt mit zahlreichen Kratern und einer Staubschicht der des Mondes.

5. Raumschiffe der zweiten Generation

Während es bei den ersten bemannten Flügen mit Wostok- und Mercury-Raumschiffen im wesentlichen darauf ankam, zu erkunden, wie Menschen auf die besonderen Bedingungen des Weltraums, vor allem auf die Schwerelosigkeit, physisch und psychisch reagieren, mußte das Programm im Osten wie im Westen erheblich erweitert werden, wenn man die gesteckten Ziele erreichen wollte. Für die USA gab es seit dem Appell Kennedys keine Zweifel, daß alle Anstrengungen darauf gerichtet waren, Menschen zum Mond zu bringen. Die Sowjetunion, nach wie vor verschwiegen, wenn es um ihre Zukunftspläne ging, ließ Spekulationen aufkommen, daß für sie der Bau einer Raumstation vordringlicher sei. Aber sie konnte sich vom Wettlauf, der in aller Welt mit Spannung verfolgt wurde, nicht ausschließen und arbeitete, wie man heute weiß, ebenfalls an einem Projekt, Kosmonauten auf dem Trabanten unserer Erde landen zu lassen.

Ob Mondflug oder Raumstation – es mußten Geräte entwickelt werden, deren Technik weit über das hinausreichte, was man mit den Ein-Mann-Kapseln bisher erreicht hatte. Wie kann die Arbeitsfähigkeit von Raumfahrern bei mehrwöchigen Aufenthalten im Kosmos gewährleistet werden? Unter welchen Bedingungen sind Aktivitäten außerhalb eines Raumschiffs möglich? Rendezvous- und Kopplungstechnik müssen erprobt werden, denn sie sind Voraussetzungen, wenn man über einfache Orbitflüge hinauskommen will.

Woschod und Leonows „Weltraumspaziergang"

Sollte der Osten bei der Weiterentwicklung seiner Raumschiffe erneut die besseren Lösungen gefunden haben? Auf den ersten Blick mußte man diesen Eindruck gewinnen, als die UdSSR am 12. Oktober 1964 mit Woschod 1 eine Kapsel mit drei Kosmonauten in eine Erdumlaufbahn brachten. Tatsächlich war dieses erste Raumschiff der zweiten Generation jedoch lediglich eine

Modifizierung des Wostok-Typs. Immerhin hatte es eine Masse von 5320 kg, was auf eine neuartige, schubstarke Rakete schließen ließ. Die Besatzung, der Kommandant Komarow, der Wissenschaftler Feoktistow und der Bordarzt Jegorow brauchte während ihres Flugs keinen Raumanzug mehr zu tragen. Jegorow konnte im Gegensatz zu den funktechnisch übertragenen Daten der Wostok-Flüge unmittelbar medizinische Untersuchungen an seinen beiden Kameraden und sich selbst vornehmen.

Auch mit dem zweiten Woschod-Flug konnte die Sowjetunion auftrumpfen und zumindest propagandistisch Punkte sammeln. Diesmal waren zwei Kosmonauten an Bord. Anstelle des Sitzes für den dritten Mann hatte man eine Schleuse eingebaut, durch die Alexei Leonow, von einem Kabel am Raumschiff gehalten, als erster Mensch einen „Weltraumspaziergang" unternahm. Insgesamt 20 Minuten dauerte diese Premiere, wobei der Kosmonaut sich mit derselben Geschwindigkeit wie seine Kapsel bewegte, nämlich 28 000 km pro Stunde, und sich bis 5 m vom Raumschiff entfernte. Das Unternehmen wurde selbstverständlich durch eine Kamera dokumentiert. Zudem gab es eine Fernsehübertragung zur Bodenstation.

Gegenüber den Wostok-Kapseln gab es noch eine Neuerung: Die Kosmonauten konnten während der Landung an Bord bleiben und brauchten sich nicht aus der Kapsel hinauszukatapultieren, um den letzten Weg bis zur Erde an Fallschirmen zurückzulegen. An ihrem Raumschiff waren Bremsraketen angebracht, die unmittelbar vor der Bodenberührung gezündet wurden und so den Aufschlag abmilderten.

Das amerikanische Gemini-Programm

Zwischen März 1965 und November 1966 – also in einem Zeitraum von 19 Monaten – absolvierte die NASA mit zehn Flügen ihrer Zwei-Mann-Kapseln vom Typ Gemini ein Erfolgsprogramm, das auch deshalb allgemeine Beachtung fand, weil die sowjetische Raumfahrt in dieser Zeit kein einziges bemanntes Unternehmen startete.

Bereits im Dezember 1961, also noch vor dem Flug von John Glenn, wurde das Konzept für die Weiterentwicklung der Mercury-Kapsel bekannt gegeben. Nunmehr kam es darauf an, ein Raumfahrzeug zu schaffen, das für Rendezvous- und Kopplungsmanöver geeignet war und dessen Lenk- und Steuerungssysteme Operationen im Weltraum ermöglichten, die für das nachfolgende Apollo-Programm unerläßlich waren.

Die neue Kapsel hatte einschließlich Kopplungsadapter eine Höhe von 3,4 Metern und einen Durchmesser an der Basis von 2,3 Metern. Dieser Teil, der – ähnlich wie das Mercury-Raumschiff – konisch geformt war und zur Erde zurückkehrte, war mit einem Antriebsteil verbunden, dessen Höhe noch einmal 2,3 m betrug. 16 Triebwerke waren für den Bremsvorgang beim Wiedereintritt in die Erdatmosphäre und 16 weitere für die Lagestabilisierung installiert. Als Startrakete für das neue Raumfahrzeug mit einer Masse von insgesamt 4,4 t diente die Titan 2.

Die amerikanische Astronauten-Mannschaft wurde durch 23 neue Mitglieder erweitert, von denen die meisten später auch am Apollo-Programm teilnahmen und zum Mond flogen.

Nach zwei unbemannten Testflügen wurde Gemini 3 fünf Tage nach dem sowjetischen Woschod 2-Unternehmen gestartet. Es wurde auf 3 Orbits beschränkt und hatte lediglich die Aufgabe, verschiedene Flugbahnänderungen vorzunehmen. Das nachfolgende Unternehmen Gemini 4 dauerte bereits vier Tage, wobei Edward White sich 21 Minuten außerhalb der Kapsel aufhielt. Gemini 5 stellte mit 190 Stunden, 55 Minuten einen neuen Dauerrekord auf. Zum erstenmal konnte damit die Auswirkung der Schwerelosigkeit bei einem Unternehmen, das die Dauer eines Mondflugs hatte, erkundet werden. Die Astronauten Bormann und Lovell, die drei Jahre später mit Apollo 8 als erste den Mond umkreisten, verdoppelten mit Gemini 7 noch einmal die Aufenthaltszeit im Weltraum. Die 11 Tage später gestartete Gemini 6 näherte sich dem Raumfahrzeug der Kollegen bei einem Rendezvous bis auf 30 cm. Zu einem ersten Kopplungsmanöver verband sich Gemini 8 mit der Oberstufe einer Agena-Rakete. Dabei tauchten allerdings Probleme auf, weil die miteinander verbundenen Fahrzeuge rotierten. Daß die bemannte Raumfahrt noch immer zu Komplikationen führen konnte, zeigte sich auch beim nächsten Flug. Der Start von Gemini 9 musste zweimal verschoben werden, weil der Agena-Zielsatellit die vorgesehene Umlaufbahn nicht erreicht hatte, ein Ersatzgerät ebenfalls technische Schwierigkeiten aufwies und ein Kopplungsmanöver deshalb nicht möglich war. Immerhin glückte wenigstens ein anderes Vorhaben, das der Flugplan vorgesehen hatte. Der Astronaut Eugene Cernan konnte die Kapsel verlassen und sich, an einem Versorgungskabel mit dem Raumschiff verbunden, mehr als zwei Stunden im freien Weltraum bewegen. Darüber hinaus wurden bei geöffneter Kapsel verschiedene Experimente ausgeführt.

Die beiden folgenden Gemini-Flüge waren wiederum erfolgreich. Neben weiteren Kopplungsmanövern stellte die NASA mit ca. 1370 km einen neuen Höhenrekord auf. Im November 1966 wurde das Programm abgeschlossen, mit dem die Amerikaner nach den vielbeachteten Premieren der Sowjets während der ersten neun Jahre der Raumfahrtgeschichte nicht nur Punkte sammeln, sondern auch ein erfolgreicheres Zukunftsprogramm präsentieren konnten. Zugleich hatten sie damit die besten Voraussetzungen für eine bemannte Mondlandung geschaffen.

Unfälle und Tod

Daß bemannte Raumflüge risikoreich und gefährlich waren, mußte Kosmonauten und Astronauten ebenso bewusst sein wie den Raketenkonstrukteuren und den Mannschaften in den Kontrollzentren. Schon bei den ersten Unternehmungen, ob bei der Erdumrundung Juri Gagarins oder beim Flug von John Glenn hatte es ja Probleme gegeben. Da die meisten Raumfahrer Flugzeugführer oder Testpiloten waren, wußten sie und ihre Angehörigen, was es bedeutet, wenn man sich einer Technik anvertraut, die noch erprobt werden mußte. „Einige von uns werden sterben, vielleicht wird es eine ganze Mannschaft sein", so soll sich Glenn einmal geäußert haben.

Da sich Moskaus Informationspolitik in jenen Jahren durch große Verschwiegenheit auszeichnete, konnte es nicht verwundern, wenn im Westen Gerüchte aufkamen, die wissen wollten, daß schon nach den ersten Orbitalflügen sowjetische Kapseln als fliegende Särge im Weltraum unterwegs seien – eine ebenso irrige wie polemische Behauptung, denn da sowohl die Funksignale als auch der Funksprechverkehr eines Raumschiffs rund um die Welt verfolgt werden können, bleiben Geheimnisse solcher Art nicht verborgen. Anders verhält es sich mit Unfällen an den Startrampen des Kosmodroms bei Baikonur. Hier hat es Katastrophen mit vollgetankten Raketen gegeben, bei denen zahlreiche Opfer zu beklagen waren.

Zu einem tragischen Zwischenfall auf amerikanischer Seite kam es, als am 27. Januar 1967 auf Cape Canaveral zur Vorbereitung der Mondflüge eine Apollo-Kapsel getestet wurde. An Bord befanden sich die Astronauten Edward White und Virgil Grissom, die bei Raumflügen bereits Erfahrungen sammeln konnten und Roger Chaffee. Plötzlich hörte die Mannschaft im Kontrollzentrum Whites Stimme: „Feuer an Bord". Ursache war vermutlich ein Kurzschluß an einem der elektrischen Kabel. Es gab keine Hilfe für die drei, zumal die reine Sauerstoffatmosphäre in der Kapsel den Brand in Sekundenschnelle ausbreitete. Die US-Raumfahrt hatte ihre ersten Opfer gefordert – nicht im Kosmos, sondern auf der Erde. Das Apollo-Programm erlitt einen Rückschlag, der Pessimisten sogar vermuten ließ, daß die erste Landung auf dem Mond nicht mehr vor Ende des Jahrzehnts – wie Kennedy es gefordert hatte – stattfinden könnte.

Drei amerikanische Astronauten-Aspiranten waren schon vorher bei Flugzeugunfällen ums Leben gekommen: Charles Basset und Elliot See, die ursprünglich für das Unternehmen Gemini 9 vorgesehen waren, und Theodore Freeman.

Wenige Wochen nach dem Brandunglück auf Cape Canaveral, verloren die Sowjets einen ebenfalls erfahrenen Kosmonauten in der Endphase eines Orbitalflugs bei der Premiere eines neuen Raumschiffs, das gegenüber den Kapseln der Wostok- und Woshod-Serie unverkennbare Fortschritte aufwies und unter der Bezeichnung Sojus (Union) den Osten einem seiner Ziele im Kosmos näher bringen sollte – nämlich der Errichtung einer Raumstation. Das aus einem Geräteteil und aus einem Orbitalteil bestehende 13 m lange Raumfahrzeug hatte einen Durchmesser von 3 m und eine Masse von 6,8 t. Zwei große Solarzellenflächen ähnelten den Tragflächen eines Flugzeugs. Im Gegensatz zu seinen Vorgängern war es ein voll manövrierfähiges Gerät, das für Flüge bis zu dreißig Tagen ausgelegt war.

Beim ersten Flug, der am 23. April 1967 gestartet wurde und bei dem mit Wladimir Komarow nur ein Kosmonaut an Bord war, ergaben sich im Orbit Probleme, so daß das Unternehmen bereits einen Tag später abgebrochen wurde. Bei der Landung verhakte sich der Bremsfallschirm. Die Rückkehrkapsel mit dem Kosmonauten stürzte wie ein Stein zur Erde. Für Komarow gab es keine Rettung.

Die in Sachen Raumfahrt erfolgsverwöhnte Bevölkerung der UdSSR begleitete ihren Helden der Kosmonautik in einem bewegenden Trauerzug, und unvergessen bleibt die Szene, als Komarows Frau und sein fünfzehnjähriger Sohn an der Kremlmauer Abschied von dem Toten nahmen. Nur 11 Monate später mußte man in Moskau ein weiteres Opfer beklagen. Sieben Jahre nach seinem Premierenflug kam Juri Gagarin auf rätselhafte Art bei einem Flugzeugabsturz ums Leben.

Das Programm Sojus wurde zunächst mit neun weiteren Flügen fortgesetzt, bei denen Rendezvous- und Kopplungsmanöver – notwendige Voraussetzungen für die Errichtung einer Raumstation – erprobt wurden. Das bis zu diesem Zeitpunkt längste Unternehmen mit 380 Erdumläufen und einer Dauer von fast 24 Tagen sollte am 30. Juni 1971 abgeschlossen werden, als eine undichte Stelle in der Luke während der Landephase einen Druckabfall in der Kabine zur Folge hatte. Die Kosmonauten, Georgij Dobrowolski, Wladislaw Wolkow und Viktor Pazajew hatten keine Überlebenschance und erstickten in ihrer Kapsel.

6. Anwendungssatelliten – Nutzen für Jedermann

Hermann Oberth, einer der frühen Pioniere der Weltraumfahrt, hatte schon in den zwanziger Jahren des vergangenen Jahrhunderts erkannt, daß der Sprung in den Kosmos über die abenteuerliche Reise zu den „Planetenräumen" hinaus praktischen Nutzen bringen mußte, wenn er allgemeine Anerkennung und Unterstützung finden wollte. Über Verwendungsmöglichkeiten der Rakete schrieb er: „Man könnte diese Rakete mit einer photographischen Kamera ausrüsten, sie über unbekannte, schwer zugängliche Gegenden hinfliegen und diese photographieren bzw. photogrammetrisch aufnehmen lassen. Es wäre z. B. für die Erforschung des inneren Afrika, des Hochlandes von Tibet, der Polarländer, Grönlands usw. schon viel gewonnen, wenn man eine vollständige photographische Aufnahme der betreffenden Gegend aus der Vogelschau hätte." Wer sich heute in Bildbänden oder auf Kalenderblättern die Aufnahmen von Erderkundungssatelliten anschaut, stellt mit einiger Verwunderung fest, daß Oberth auch diese Möglichkeit der Raumfahrt realistisch eingeschätzt hat.

Diejenigen, die den Weg in den Kosmos selbst heute noch als einen teuren, kaum vertretbaren Luxus bezeichnen, vergessen allzu gerne, in welchem Umfang die neue Technik schon in den frühen Jahren und seitdem in zunehmendem Maße Nutzen und sogar Zinsen erbracht hat.

Fernsehbrücke über den Atlantik

Am Abend des 23. Juli 1962 saßen Millionen Menschen zwischen Finnland und Sizilien und nicht weniger in den USA – dort war Nachmittag – vor ihren Fernsehgeräten, um eine ungewöhnliche Übertragung zu verfolgen. Es war ein Ereignis, das überall mit Spannung erwartet worden war, denn zum erstenmal sollte eine Live-Sendung aus den USA nach Europa und aus Europa über den Atlantik in die Vereinigten Staaten ausgestrahlt werden.

Während die Amerikaner sich mit Bildern zwischen New York und San Francisco präsentierten, zeigten die Länder der Eurovision jene Regionen ihres Kontinents, die den Menschen jenseits des Atlantiks als reizvolle Touristenziele bekannt sind: die Sixtinische Kapelle in Rom und Taormina auf Sizilien, die Wiener Hofreitschule und den Louvre in Paris. Nur die Bundesrepublik sollte nach dem Wunsch der Eurovision wieder einmal als das Land von Kohle und Stahl dargestellt werden. So stand der deutsche Reporter an einem Hochofen in Rheinhausen bei Duisburg.

Möglich wurde diese erste transatlantische Fernsehübertragung durch den ersten aktiven Nachrichtensatelliten Telstar, ein kugelförmiges Gebilde mit einem Durchmesser von 90 cm und einer Masse von 77 kg. Außer Fernsehbildern konnte er mehrere hundert Sprechverbindungen übermitteln. Der Kontakt zwischen den beiden Kontinenten war allerdings auf jeweils 15 Minuten beschränkt, denn die Umlaufbahn erstreckte sich zwischen 950 und 5600 km, so daß die „Sichtverbindung" über dem Atlantik nur für diese kurze Zeit bestand.

Vorläufer dieses ersten kommerziell genutzten Nachrichtensatelliten war ein passiver Ballonsatellit, der schon zwei Jahre vorher gestartet worden war und einen Durchmesser von 30 m hatte. Sein metallischer Belag reflektierte ankommende Funksignale.

Ein Durchbruch auf diesem Gebiet der Nachrichtenübermittlung und der Aufbau eines weltweiten Kommunikationsnetzes wurde jedoch erst möglich, als es gelang, Satelliten in den geostationären Orbit zu bringen – also auf eine Synchronbahn über dem Äquator, wo sie in einer Höhe von ca. 36 000 km am Himmel anscheinend still stehen, weil ihre Umlaufzeit der Erdumdrehung entspricht.

Ein Jahr nach Telstar brachten die USA mit Syncom ihren ersten synchron umlaufenden Kommunikationssatelliten auf seine Bahn. Ihm folgten bis heute immer leistungsfähigere Geräte, ohne die das weltumspannende Netz für Telefon- und Faxverkehr, Fernseh- und Datenübermittlung nicht denkbar ist.

Das Wetter von übermorgen

Es gibt heute kein aktuelles Informationsmedium, ob Tageszeitung, Rundfunk oder Fernsehen, das es sich leisten könnte auf Wetterinformationen und -prognosen zu verzichten. Nicht nur Land- und Forstwirtschaft, auch Bauindustrie und Tourismus richten ihre Aktivitäten nach den Meldungen der täglichen Wetterberichte. Fehlerhafte oder unzureichende Prognosen können zu erheblichen volkswirtschaftlichen Schäden führen.

Daß Meteorologen uns heute bedeutend bessere Voraussagen als noch vor wenigen Jahrzehnten geben können, verdanken wir einem weltweiten Netz von Wettersatelliten. In diesem Verbund arbeiten die USA, Rußland, Europa, Japan, China und seit einiger Zeit auch Indien zusammen. Wie die Nachrichten- und Kommunikationssatelliten befinden sich auch die meteorologischen Satelliten überwiegend im geostationären Orbit, um mit ihren Kameras möglichst große Gebiete der Erde erfassen zu können.

Die Weltraumtechnik ergänzt auf diese Weise die zahlreichen meteorologischen Stationen auf der Erde, wo mehr als 10 000 Wetterwarten und Tausende Beobachtungsposten auf Schiffen bereits zahlreiche Daten liefern. Aber erst mit Hilfe der Satellitentechnik wurde es möglich, die Wetterforschung und vor allem die Prognosen wesentlich zu verbessern. Neben Temperatur, Luftfeuchtigkeit und Ozonwert sind es vor allem die Bilder der Wolkenbewegungen, ihre Richtung, Geschwindigkeit und Höhe sowohl im sichtbaren Licht als auch im Infrarotbereich, die zu den Bodenstationen übertragen werden und den Fachleuten sehr präzise Hinweise nicht nur für das Wetter der jeweils nächsten 24 Stunden, sondern darüber hinaus für mehrere Tage geben.

Diese Möglichkeit der Weltraumtechnik hatte man bereits früh erkannt, denn schon am 1. April 1960 wurde mit Tiros 1 in den USA der erste Meteorologiesatellit gestartet. In der Sowjetunion gab es ein Programm unter der Bezeichnung Meteor. Mehr als 30 Wetterbeobachter dieser Serie wurden seit 1969 auf polare Umlaufbahnen mit Höhen zwischen 600 und 900 km gebracht. Die europäische Weltraumbehörde ESA entwickelte eigene Geräte unter dem Namen Meteosat, von denen zwischen 1977 und 1997 insgesamt sieben Exemplare in den Orbit gelangten. Diese 3,2 m langen Satelliten haben einen Durchmesser von 2,4 m und eine Masse von ca. 700 kg. Sie werden demnächst durch eine Neukonstruktion ersetzt, so daß sich die Zahl der von ihnen gelieferten Daten, die nur noch von extrem leistungsfähigen Computern bei der ESOC in Darmstadt aufgearbeitet werden können, und vor allem die Anzahl der Wetterkarten erhöhen wird.

Die Erde wird neu kartographiert

Die Geschichte der Kartographie ist eins der interessantesten Kapitel unserer Kulturgeschichte. Landkarten dienen seit Jahrhunderten zur Orientierung und wurden immer wieder verbessert. Trotzdem zeigten sie bis vor wenigen Jahrzehnten zahlreiche weiße Flecken. Erst die systematische Erderkundung mit Hilfe von Satelliten hat genauere Erkenntnisse über bisher wenig erforschte Gebiete gebracht.

Beispielhaft für diese Arbeiten ist das amerikanische Landsat-Programm, das 1972 – also später als die Wettererkundung aus dem Weltraum – begonnen und bis 1984 mit insgesamt sechs Satelliten fortgesetzt wurde, von denen allerdings zwei wegen technischer Mängel versagten. Die Landsat-Geräte operierten auf Polbahnen in einer Höhe von ca. 900 km und nahmen dabei jeweils Regionen mit einer Seitenlänge von 185 km auf. Alle 18 Tage wurde dasselbe Gebiet erneut überflogen. Zur Ausrüstung gehörten Kameras, die Aufnahmen sowohl im sichtbaren Licht als auch im Infrarotbereich aufzeichneten und die bei Überfliegen der Bodenstationen abgetastet und zur Erde übertragen wurden.

Neben kartographischen Aufgaben bieten sich vor allem bei kontinuierlicher Erdbeobachtung eine große Zahl weiterer Anwendungsmöglichkeiten. Dazu gehören die Beobachtung großräumiger land- und forstwirtschaftlicher Regionen, ihrer Entwicklung und Ernteaussichten. Ebenso können Veränderungen und Verschmutzung der Ozeane, die Bewegung von Eisbergen und Gletschern, Klimaveränderungen in abgelegenen Gebieten verfolgt sowie Bodenschätze und Trinkwasserressourcen aufgespürt werden. Nicht zuletzt sind die Ergebnisse dieser Spezialsatelliten für den Umweltschutz, der seit den siebziger Jahren zunehmend an Bedeutung gewinnt, von Nutzen.

Fachleute bezeichnen die Erderkundung wegen der vielfältigen Ergebnisse inzwischen als eins der erfolgreichsten Programme der Weltraumtechnik. Auch auf russischer Seite wird diese Möglichkeit genutzt – und zwar unter der Bezeichnung Resurs. Die Europäer wollten auf diesem nutzbringenden und ertragreichen Gebiet ebenfalls nicht abseits stehen. 1991 begannen sie mit dem ERS-Programm, das wegen der Verwendung von Radar noch besondere Vorteile bringt: Aufnahmen der Erde sind auch bei Dunkelheit und bei bewölktem Himmel möglich. Erderkundung gehörte später auch zu den Aufgaben der amerikanischen Space Shuttle-Flüge.

7. Militärische Projekte

Die Raumfahrt wird noch lange Zeit mit dem Makel behaftet sein, daß an ihrem Anfang zwar der Wunsch stand, den Weg zu den „Planetenräumen" zu erschließen – wie Hermann Oberth es vorgeschlagen hatte –, in Wirklichkeit aber die Rakete am Ende des zweiten Weltkrieges als Waffenträger diente, und damit das oft zynisch verwendete Wort bestätigte, daß „der Krieg der Vater aller Dinge ist" (Heraklit ca. 550 – 480 v. Chr.).

Selbstverständlich wurden die militärischen Möglichkeiten der neuen Technik auch nach 1945 in Ost und West weiterentwickelt. In jenen Jahre gehörten Begriffe wie „Blitzkrieg" und „overkill" zum allgemeinen Vokabular, und die beiden Weltmächte verwiesen bei jeder Drohung des potentiellen Gegners auf ihr Arsenal an Interkontinentalraketen. Im Rückblick scheint die Vermutung gerechtfertigt, daß das Gleichgewicht der Waffen entscheidend dazu beigetragen hat, den kalten Krieg nicht in einen heißen zu verwandeln.

Spione im Orbit

Über die militärische Nutzung des Weltraums gibt es auch heute noch mehr Spekulationen als zuverlässige Informationen, weil sich auf diesem Gebiet wie bei anderen Projekten der Militärtechnik niemand gerne in die Karten schauen läßt. Dennoch dürfte unumstritten sein, daß modifizierte Erderkundungssatelliten seit den sechziger Jahren bis heute in großer Zahl als Spione in den Orbit gebracht wurden. Dafür gab es wegen der erforderlichen Geheimhaltung sogar eigene, abgesicherte Startplätze. In den USA ist es Vandenberg in Kalifornien, in Rußland Pleseck südlich von Archangelsk.

Die Satelliten dieser Kategorie befinden sich sowohl auf geostationären Umlaufbahnen für die Beobachtung großräumiger Regionen als auch im erdnahen Orbit wegen der besseren Aufklärungsmöglichkeiten. Sie nähern sich dabei der Erde bis auf 150 km. Die Aufnahmen, die sie aus dieser Höhe machen, werden in Spezialkapseln zurückgebracht und ausgewertet. Die Auflösung der Bilder wurde ständig verbessert, so daß heute auch kleinste Details wie militärische Stellungen oder Fahrzeuge zu erkennen sind. Die Meinung, sogar die Schlagzeile einer deutschen Boulevardzeitung könne auf diesen Aufnahmen gelesen werden, entspringt allerdings mehr der Phantasie als gesichertem Wissen. Die Verwendung der Infrarottechnik ermöglicht zudem zuverlässige Informationen über Raketenstarts oder Panzerspuren bei Truppenbewegungen. Darüber hinaus eignen sich militärische Satelliten auch zum Abhören des gegnerischen Funkverkehrs.

Um von zivilen Nachrichten- und Kommunikationssystemen unabhängig zu sein, hat das Militär ein eigenes Netz entwickelt, das im Notfall die weltweit erforderlichen Verbindungen aufrechterhält. Darüber hinaus wurden Navigationssatelliten entwickelt, die die Positionsbestimmung von Schiffen und Flugzeugen bis auf wenige Meter ermöglichen. Einige dieser Techniken können inzwischen auch zivil genutzt werden – wie das GPS (*Global Positioning System*), das dem allgemeinen Luft- und Schiffs- und sogar dem Fahrzeugverkehr zugute kommt.

Killersatelliten und Laserkanonen

Neben den dargestellten passiven Militärsatelliten gab es bereits vor mehr als 30 Jahren Entwicklungen, die geeignet waren, die Raumfahrttechnik insgesamt zu diskreditieren und die viele glauben ließ, alle Bemühungen auf diesem Gebiet dienten allein militärischen Zielen.

So starteten die Sowjets im Oktober 1968 unter der Bezeichnung Kosmos 249 ein mit Sprengstoff beladenes Raumfahrzeug, das einen Zielsatelliten anflog und durch Sprengung vernichtete. Eine Reihe ähnlicher Experimente folgte, die allerdings nur zum Teil erfolgreich waren. Es ist unschwer auszumalen, was es bedeutet, wenn solche Killersatelliten im Kriegsfall das gegnerische Kommunikations- und Navigationssystem ausschalten würden.

Von amerikanischer Seite ging eine nicht geringere Unruhe aus, als Präsident Ronald Reagan in den achtziger Jahren während einer kritischen Phase des kalten Krieges ein Programm verkündete, das den offiziellen Titel SDI (*Strategic Defense Initiative*) erhielt, im allgemeinen Sprachgebrauch aber in Anlehnung an einen Kinofilm mit der törichten Bezeichnung „Krieg der Sterne" belegt wurde. Auch wenn dieses System mit Laserkanonen und Abfangraketen in erster Linie als ein Schutzschild gegen Interkontinentalraketen eines potentiellen Angreifers gedacht war, trug es doch zumindest in der psychologischen Kriegsführung zu einer Eskalation bei – nicht zuletzt, weil es gegen geltende Abkommen wie den ABM-Vertrag verstieß, der die Errichtung von Raketenabwehrsystemen untersagte. Die weltpolitische Wende von 1989 und die Beendigung des kalten Krieges haben das SDI-Projekt, das nach Meinung von Fachleuten weder technisch noch finanziell realistisch war, zwar gestoppt, es fand jedoch unter der Clinton-Administration mit der Bezeichnung NMD (*National Missile Defense*) ein modifiziertes und weniger aufwendiges Nachfolgeprogramm, das die Amerikaner gegen neue potentielle Gegner wie den Irak und Nordkorea schützen soll. Von den drei bisher durchgeführten Tests war in den vergangenen Jahren jedoch nur einer erfolgreich, und nach wie vor stünde die Realisierung eines solchen Projekts im Widerspruch zum ABM-Abkommen.

8. Der große Sprung: das Apollo-Programm

Seit Jahrhunderten hat der Wunsch, eine Exkursion zum Mond zu unternehmen, die Phantasie der Menschen erregt, und ein Flug zu unserem Nachtgestirn fand in der Literatur immer wieder seinen Niederschlag. Den Erdtrabanten zu betreten, gehörte zu den Menschheitsträumen, seitdem der griechische Satiriker Lukian vor 1800 Jahren ein Schiff durch einen Sturm zum Mond treiben ließ. Der Wirklichkeit näher kam Anfang des 17. Jahrhunderts der Astronom Johannes Kepler, der bereits die großen Temperaturunterschiede auf unserem Trabanten beschrieben hat. In England sind es zwei geistliche Herren, John Wilkins und Francis Godwin, die vom Flug zu unserem kosmischen Nachbarn träumen. Godwin glaubt gar an Mondbewohner, die den Erdmenschen überlegen seien. Schließlich an Jules Verne in diesem Zusammenhang zu erinnern, heißt Eulen nach Athen tragen. Daß Dichter und Science fiction-Autoren oft den Mond als Ziel von Entdeckungsreisen dargestellt haben, darf deshalb nicht verwundern, weil er uns zum Greifen nahe erscheint.

Mondkrater und Schöpfungsgeschichte

Das Brandunglück am 27. Januar 1967, das bereits geschildert wurde und bei dem während eines Tests der Apollo-Kapsel drei Astronauten ums Leben kamen, wurde auf nachlässige Arbeit der Herstellerfirma zurückgeführt, wie eine umfassende Untersuchung nachweisen konnte. Es stellte sich dabei heraus, daß zur Sicherheit der Raumfahrer mehrere hundert Veränderungen vorgenommen werden mußten, bis eine Fortsetzung des Programms möglich war. So wurde u. a. leicht brennbares Material, das sich in der reinen Sauerstoffatmosphäre der kegelförmigen Kapsel bei einem Kurzschluß schnell entzünden mußte, ausgewechselt und die Kabinentür so verändert, daß sie im Notfall von den Astronauten von Innen selbst geöffnet werden konnte, solange das Gerät auf der Startrampe stand.

Die Vorbereitungen der ersten Mondlandung verzögerten sich dadurch nicht unerheblich, und es wurde in den USA vielfach die Befürchtung geäußert, daß die Sowjetunion doch noch den Wettlauf zum Erdtrabanten gewinnen könnte und das von Kennedy proklamierte Ziel nicht mehr vor Ende des Jahrzehnts zu erreichen sei. Trotz dieser Bedenken ging die amerikanische Weltraumbehörde kein neues Risiko ein und unternahm zunächst unbemannte Testflüge, bei denen sie im November 1967 zum erstenmal die Mondrakete Saturn 5 in eine Erdumlaufbahn brachte. Diese 111 m hohe dreistufige Rakete, mit deren Konstruktion Wernher von Braun und sein Team bereits 1962 begonnen hatten, mußte in der Lage sein, eine Nutzlast von 120 Tonnen in eine 500 km hohe Umlaufbahn und 45 Tonnen zum Mond zu befördern. Ihre Startmasse betrug annähernd 3000 Tonnen. Für das Riesengerät wurde auf Cape Canaveral eigens eine Montagehalle errichtet, die den Kölner Dom noch um einige Meter überragt. Den Transport von dort zur Startrampe besorgte ein Raupenschlepper.

Nach einer Unterbrechung von 21 Monaten erfolgte im Oktober der erste bemannte Flug einer Apollo-Kapsel in der Erdumlaufbahn, bei dem die dreiköpfige Besatzung als Vorbereitung für den Mondflug ein Kopplungsmanöver vornahm. Auch wenn dabei eine kleinere Version der Saturn 5-Rakete als Startvehikel diente, war das Ergebnis für die Fachleute so zufriedenstellend, daß die NASA bereits wenige Wochen später unter der Bezeichnung Apollo 8 zum erstenmal den Weg zum Mond wagte.

Das Datum des Starts für dieses Unternehmens war so gewählt, daß seine drei Astronauten am Heiligen Abend 1968 die Mondumlaufbahn erreichten. Der Flug, den man in aller Welt mit großem Interesse verfolgte, verlief ohne nennenswerte Störungen. Als die Kapsel mit dem Geräteteil den Erdtrabanten in einer Höhe von 112 km umkreiste, saßen in den Mittagsstunden des 24. Dezember auch in Deutschland Millionen Menschen vor den Fernsehgeräten und verfolgten in einer Übertragung, wie das Raumschiff Apollo 8 die Mondkrater und -rillen überflog. Dann meldete sich Frank Bormann, der 40jährige Kommandant dieses Fluges: „Für alle Menschen unten auf der Erde hat die Besatzung von Apollo 8 – Jim Lovell, Bill Anders und ich – eine Botschaft, die wir euch senden möchten: Am Anfang schuf Gott Himmel und Erde. Und die Erde war wüst und leer, und es war finster in der Tiefe und der Geist Gottes schwebte auf dem Wasser." Nach einer kurzen Pause fuhr er fort: „Wir schließen mit einem Gute Nacht, Viel Glück, Fröhliche Weihnachten und Gottes Segen für euch alle auf der guten alten Erde."

Nach zehn Umläufen, bei denen die Raumfahrer auch das für die erste Mondlandung vorgesehene Zielgebiet im Mare Tranquillitatis, dem Meer der Ruhe erkundeten und photographierten, begann der Rückflug. Drei Tage später landeten sie im Pazifik, wo sie die Bergungsflotte erwartete. Das bis zu diesem Zeitpunkt gewagteste Unternehmen der bemannten Raumfahrt war zu Ende. Nie zuvor hatten sich Menschen 400 000 km von ihrem Heimatplaneten entfernt – die Distanz zwischen der Erde und ihrem Trabanten schwankt zwischen 356 410 und 406 740 km – und auch Skeptiker zweifelten nun nicht mehr daran, daß bald Menschen den Mond betreten würden.

„Der Adler ist gelandet"

Trotz Zeitdruck wollten die Verantwortlichen der NASA kein Risiko eingehen und erprobten weiter Raumschiff und Rakete Schritt für Schritt. Mit Apollo 9 gelangte neben der kegelförmigen Kommandokapsel und dem anschließenden Geräteteil auch die spinnenähnliche Mondfähre und damit die gesamte Raumschiffkombination zum erstenmal in den Weltraum. Dabei beschränkte man sich auf einen Flug im Erdorbit. Zwei Astronauten stiegen in die Landefähre um, trennten sich von der Kommandoeinheit und entfernten sich bis zu 190 km.

Nachdem auch dieses Manöver gelungen war, begann zwei Monate später unter der Bezeichnung Apollo 10 die Generalprobe. Dabei umkreiste die Besatzung 31 mal den Mond, und mit der Landefähre simulierten Thomas Stafford und Eugene Cernan den Abstieg zu einem der vorgesehenen Landeplätze, dem sie sich bis auf 15 km näherten, um dann wieder zum Mutterschiff aufzusteigen.

Als dann endlich am 16. Juli 1969 Neil Armstrong, Edwin Aldrin und Michael Collins sekundengenau nach Plan mit der Saturn 5 von der Startrampe auf Cape Canaveral abheben, ahnen nicht nur die zahlreichen Augenzeugen, die sich in gebührender Entfernung eingefunden haben, daß die folgenden Tage in die Geschichtsbücher eingehen werden, wenn das Unternehmen Apollo 11 so ablaufen wird, wie es geplant ist. Ebenso wie die Zuschauer vor Ort können Menschen in aller Welt auf ihren Fernsehgeräten die frühe Flugphase im blauen Himmel von Florida verfolgen und sogar noch die Trennung der ersten Raketenstufe in einer Höhe von 60 km erkennen.

Der Flug verläuft auch in seinen weiteren Phasen mit der Präzision eines Uhrwerks. Während des zweiten Umlaufs im Erdorbit wird über dem Pazifik die dritte Raketenstufe gezündet. Mit einer Anfangsgeschwindigkeit von 10,8 km pro Sekunde beginnen die drei Astronauten ihren Weg zum Mond, dessen Umlaufbahn sie drei Tage später erreichen. Auf einige, ursprünglich vorgesehene Kurskorrekturen kann verzichtet werden.

Am 20. Juli, einem Sonntag soll sich zeigen, daß die Planer den Flug von Apollo 11 glücklich zu seinem Höhepunkt führen können: Landung im lunaren Meer der Ruhe, Exkursion und schließlich Rückflug zur Erde. In dem Maße, wie die Spannung wächst, beschleichen diejenigen, die die Risiken dieses Abenteuers kennen, Befürchtungen und Ängste. Werden alle technischen Systeme fehlerfrei arbeiten? In welchen Phasen kann das Unternehmen abgebrochen werden, wenn Gefahr droht oder Mängel auftauchen? Wie tief wird die Landefähre im Mondboden einsinken? Gibt es Alternativen, wenn das Triebwerk für den Rückstart versagt? Ungezählte Zweifel. Aber dann auch wieder der Hinweis auf Redundanz, die doppelte Auslegung aller lebenswichtigen Systeme und auf Notpläne.

Die Spannung erreicht einen ersten Höhepunkt, als sich um 18.46 Uhr MEZ während des 13. Mondumlaufs auf der Rückseite des Erdtrabanten die Landefähre Eagle vom Mutterschiff Columbia trennt. Erst fünf Minuten später gibt es wieder Kontakt zwischen Apollo 11 und dem Kontrollzentrum in Houston. Zunächst erfaßt das Radar Kapsel und Fähre, dann meldet sich

Collins, der im Mutterschiff zurück geblieben ist und nun mehr als einen Tag lang allein den Mond umkreisen wird: „Der Adler hat Schwingen!"

Inzwischen melden die Nachrichtenagenturen, daß eine sowjetische Sonde mit der Bezeichnung Luna 15 mit Apollo 11 den Mond umkreist. Spekulationen kommen auf: Wollen die Russen die Landung ihrer Konkurrenten photographieren oder planen sie sogar ein Störmanöver? Die Sowjetunion wird gebeten, die Bahndaten der Sonde mitzuteilen, um mögliche Schwierigkeiten zu vermeiden. Später heißt es in einer von Moskau offiziell verbreiteten Version, der Raumflugkörper sei auf der Mondoberfläche im vorgesehenen Zielgebiet niedergegangen. Heute weiß man, daß die Sonde mit großer Geschwindigkeit abgestürzt und auf dem Erdtrabanten zerschellt ist. Damit ist der Versuch mißlungen, noch vor den Amerikanern Mondgestein zur Erde zu bringen, ohne Menschenleben zu riskieren.

Während Armstrong und Aldrin in ihren Raumanzügen aufrecht vor der Instrumententafel des Adlers stehen, zünden sie wieder auf der Rückseite des Mondes für 28 Sekunden das Triebwerk, das ihre „Spinne" in einen elliptischen Orbit zwischen 107 und 15 Kilometer bringt. Immer wieder werden alle Systeme an Bord auf ihre Funktionsfähigkeit überprüft. Entgegen ursprünglichen Plänen gibt es während der nun folgenden kritischen Phase keine Fernsehbilder. Einmal will man die beiden Lunanauten nicht zusätzlich belasten, zum zweiten benötigt man die Energie für den Funksprechverkehr und die Datenübertragung. Das Kontrollzentrum in Houston hat inzwischen die Erlaubnis zur Landung gegeben, die durch Triebwerkzündung um 21.05 MEZ fast 400 km vom vorgesehenen Landeplatz entfernt eingeleitet wird.

Was dann folgt, sind 12 bange Minuten. Im Stakkato gibt Aldrin seine Informationen an die Bodenstation: Höhe, Sinkgeschwindigkeit, Lage der Fähre – und immer wieder die verbleibende Zeit bis zur vorgesehenen Landung. Die Zeit wird überschritten, überraschte Mienen auf den Gesichtern der Männer an den Pulten der Bodenstation. Kommandant Armstrong ist von der Automatik auf Handsteuerung übergegangen. Mit dem letzten Rest des Treibstoffs lenkt er die Fähre über einen Krater von der Größe eines Fußballfelds, der ihm mit größeren Gesteinsbrocken für eine Landung ungeeignet erscheint. Dann endlich das erlösende Signal: „Engine Stop!" und eine Mitteilung, die in diesem Augenblick so nüchtern klingt wie die Rückmeldung auf einem Exerzierplatz: „Tranquillity Base here, the Eagle has landed." In Europa ist es 21 Uhr 17 Minuten und 43 Sekunden.

Aber noch können Armstrong und Aldrin nicht aufatmen, denn zunächst müssen sie die Lage der Landefähre und alle Systeme kontrollieren und prüfen, ob eventuell ein vorzeitiger Rückstart erforderlich wird. Doch dann bestätigt der Funkspruch aus Houston, daß der geplante Ausflug auf den Mondboden stattfinden kann. Aldrin, der Pilot der Fähre, meldet sich: „Ich möchte alle Menschen – wer und wo sie auch sein mögen – bitten, einen Augenblick zu verharren und über die Ereignisse der vergangenen Stunden nachzudenken. Jeder mag auf seine Weise Dank sagen."

Exkursion im Meer der Ruhe

Am späten Abend dieses Tages überschlagen sich widersprüchliche Nachrichten über den Zeitpunkt, an dem die beiden Mondfahrer die Fähre verlassen und den Mond betreten. Werden sie, wie im Flugplan vorgesehen, bis zum nächsten Morgen warten oder werden sie den Termin vorziehen? Viele Menschen in Europa verbringen diese Nacht vor dem Fernsehgerät, weil sie den historischen Augenblick nicht verpassen wollen. Sie müssen sich bis in die frühen Morgenstunden gedulden. In Deutschland ist es 3.38 Uhr, als nach langwierigen Vorbereitungen Armstrong und Aldrin die Luke des Adlers endlich öffnen. Um auf die äußere Plattform zu gelangen, zwängt sich zunächst Armstrong durch die enge Tür, was einige Minuten in Anspruch nimmt. Die Mediziner in Houston bestehen darauf, daß der Abstieg über die Aluminiumleiter langsam von einer Sprosse zur anderen erfolgt.

Eine Schwarzweiß-Fernsehkamera wird aus einem Behälter an der Außenwandung gezogen und auf die Leiter gerichtet. Die ersten Bilder, die sie zur Erde schickt, wirken gespenstisch: Schemenhaft erkennt man über der weißen Mondfläche den dunklen Himmel, in der Mitte Neil Armstrong mit seinem unförmigen Riesentornister, dessen Inhalt ihn mit allem versorgt, was er in der lebensfeindlichen Umwelt des Mondes benötigt. Langsam steigt er die Sprossen hinunter, bis er den Teller des Landebeins der Fähre erreicht, der nur wenige Zentimeter im Mondstaub eingesunken ist. Dann berührt er mit dem linken Fuß die Oberfläche, zieht den rechten langsam nach.

Was er dann sagt, ist sicher nicht die Eingebung dieses Augenblicks, sondern sorgsam vorbereitet: „Das ist ein kleiner Schritt für einen Menschen, aber ein großer Sprung für die Menschheit." Ein Satz, der inzwischen zum geflügelten Wort geworden ist. Zum ersten Mal hat ein Mensch einen anderen Himmelskörper betreten – Es ist Montag, der 21. Juli, 3 Uhr, 56 Minuten und 20 Sekunden MEZ. In den USA ist es Sonntagabend. Auf riesigen Bildschirmen verfolgen Tausende im New Yorker Central Park diese Szene und mit ihnen etwa 500 Millionen in aller Welt auf den Fernsehgeräten.

Dem ersten Lunanauten folgt wenig später Aldrin. Dann beginnt jene Exkursion, deren Bilder in keiner Chronik des 20. Jahrhunderts mehr fehlen werden. Es ist eine merkwürdige Mischung aus wissenschaftlicher Arbeit und politischer Demonstration. Eine Metallplakette an der Mondfähre wird enthüllt. Neben dem Datum dieses Tages trägt sie die Unterschriften der drei Apollo 11-Astronauten und des Präsidenten der USA, Richard Nixon – dazu die Inschrift: „Wir kamen in Frieden für die ganze Menschheit." Die anschließende Flaggenhissung allerdings erscheint vielen wie ein Anachronismus, verständlich nur als Schlußstrich unter einem Jahrzehnt des Wettlaufs der beiden Weltmächte. Richard Nixon spricht über eine Radioverbindung aus dem Weißen Haus mit Armstrong und Aldrin. In einem kreisrunden Ausschnitt des Fernsehbildes ist der Nachfolger des Mannes zu sehen, der acht Jahre vor diesem Ereignis das Ziel gesteckt hat, das jetzt erreicht ist.

Neben diesem Zeremoniell nimmt jedoch der Aufbau mehrerer Experimente den größten Teil der Zeit außerhalb der Mondfähre ein, während der dritte Mann, Collins in der Umlaufbahn über Funk verfolgen kann, was sich 115 km unter ihm ereignet. Schon unmittelbar nach dem Ausstieg hat die Sammlung von Gesteinsproben begonnen. Sie wird man später in den Labors verschiedener Länder untersuchen und mit dem Material, das man bei zukünftigen Mondexkursionen sammeln kann, vergleichen. Der kalifornische Nobelpreisträger Harold Urey hat vor dem Apollo 11-Start voller Optimismus gefordert: „Gebt mir ein Stück vom Mond, und ich sage Euch, wie das Sonnensystem entstanden ist."

Die Astronauten bringen die Fernsehkamera in eine neue Position, 15 m von der Mondfähre entfernt, sodaß sie alle Aktivitäten der beiden in ihrem Blickfeld hat.

In auffallendem Kontrast zum technischen Aufwand des Unternehmens steht ein Experiment, das ein schweizer Wissenschaftler vorgeschlagen hat: eine fahnenähnliche Aluminiumfolie, die an einer Stange hängend Partikel des sogenannten Sonnenwindes registrieren und am Ende der Exkursion wieder eingerollt und zur Erde zurückgebracht werden soll. Die Astronauten stellen einen Laserreflektor auf. Er macht es möglich, die Entfernung Erde-Mond jeweils bis auf wenige Zentimeter genau zu messen. Ein Seismometer wird Mondbeben, die durch Meteoriteneinschläge verursacht werden, aufzeichnen und zur Erde funken.

Jeden ihrer Schritte und jede noch so kleine Beobachtung melden die beiden nach Houston. Sie filmen und photographieren. Dabei wirken ihre Bewegungen bei einem Sechstel der Erdschwere zunächst unbeholfen, bis sie trotz ihrer unförmigen Raumanzüge und den großen Rucksäcken mit fast übermütigen Kängurusprüngen den Mondboden in eine Tanzfläche zu verwandeln scheinen. Mehr als viele Worte machen die Spuren, die ihre Stiefel im Staub des Erdtrabanten hinterlassen, deutlich, daß unser Nachbar im Kosmos alles andere als eine angenehme Wohnstatt ist. Weder Regen noch Wind werden diese Zeichen je verwischen, kein Schnee oder Eis sie verändern.

Das Kontrollzentrum drängt seine Lunanauten, die Behälter mit den Gesteinsproben in die Fähre zu befördern und die Exkursion zu beenden, obwohl sie ihre Arbeit noch gerne fortsetzen würden. Aldrin besteigt als erster die Leiter zur Plattform. Eine viertel Stunde später folgt Armstrong. Der erste Ausflug in eine neue Welt geht zu Ende. Zwischen Öffnen und Schließen der Luke sind 2 Stunden und 31 Minuten vergangen.

Rückkehr und Quarantäne

Für Armstrong und Aldrin ist nun nach anstrengender Arbeit die Zeit für eine kleine Mahlzeit gekommen. Dann setzen sie noch einmal ihre Helme auf, schließen sich erneut an das Lebenserhaltungssystem an, das sie bei ihrer Exkursion benutzt haben, und öffnen die Kabinentür. Um das Gewicht des Adlers für den Rückstart zu verringern, werden alle überflüssigen Gegenstände hinausgeworfen. Dann endlich kann eine Schlafperiode eingeplant werden, wobei weder die psychische Anspannung noch die Enge der Mondfähre eine wirkliche Erholung durch Schlaf ermöglichen, obwohl sieben Stunden für diese Ruhepause angesetzt sind.

Nicht nur die Bodenmannschaft im Kontrollzentrum, jedermann, der das Unternehmen Apollo 11 verfolgt hat, weiß, daß noch einmal eine Phase bevorsteht, die ebenso risikoreich ist wie die Landung am Vortag: der Rückstart und die Kopplung an das Mutterschiff Columbia. So steigt bei den Menschen in aller Welt erneut die Spannung, und sie atmen auf, als es um 18.54 MEZ gelingt, das Triebwerk des Adlers zu zünden und seinen Oberteil vom Sockel zu trennen.

Die beiden Raumfahrer sehen durch das kleine Fenster, wie sie sich immer weiter von den Kratern im Meer der Ruhe entfernen und schließlich mit dem Mutterschiff verbinden. Elf Stunden später beginnt der Rückflug zur Erde.

Am Nachmittag des 24. Juli erleben die Fernsehzuschauer den letzten Akt eines Schauspiels von beispielloser Dramatik: die Rückkehr der Apollo 11-Mannschaft zur Erde. Während ihre kegelförmige Kommandokapsel mit hoher Geschwindigkeit in die Erdatmosphäre eintaucht, wobei ein Winkel von 2,0 Grad nicht über- oder unterschritten werden darf, fällt wegen der großen Hitzeentwicklung für drei Minuten wie erwartet die Funkverbindung zwischen Raumschiff und Bodenstation aus. Dann endlich kommt die erlösende Nachricht, daß auch diese letzte Hürde überwunden ist.

Über ein Netz von Satelliten und Bodenstationen werden die Bilder von Bord des Flugzeugträgers Hornet im Pazifik, etwa 1500 km südwestlich von Hawaii, in 49 Länder übertragen, als sich in Sichtweite der Bergungsflotte die riesigen Fallschirme in einer Höhe von 7300 m Höhe öffnen und die Kommandokapsel langsam auf die Wasserfläche schwebt. Von der Kommandobrücke des Flugzeugträgers aus grüßt der amerikanische Präsident wenig später die Mondfahrer, als sie ein Hubschrauber auf dem Deck absetzt. Sie tragen Masken, und es ist ein gespenstisches Bild, als ihr erster Weg nach der Rückkehr in einen Container führt, der für sie als Quarantänestation eingerichtet ist, eine Vorsichtsmaßnahme wie sie weder vorher noch nachher je bei einem Raumflug vorgesehen wurde. Der Marinegeistliche spricht ein Gebet: „Wir haben die vergangene Woche in gemeinsamer Sorge und Hoffnung verbracht... wir danken für die sichere Heimkehr zu uns, zu ihren Familien, zu allen Menschen."

In ihrem Behälter können sie einige Tage später per Telefon und durch eine Glasscheibe zum erstenmal wieder mit ihren Angehörigen sprechen. Am 13. August, einen Tag nachdem sie ihre Quarantänestation verlassen, werden sie zwischen den New Yorker Wolkenkratzern mit einer Konfettiparade gefeiert, wie sie vor ihnen nur Charles Lindbergh nach seinem Atlantikflug und John Glenn erlebt haben.

Dann starten sie zu einer Reise um die Welt in dreiundzwanzig Länder – auch nach Deutschland –, wo ihnen die Menschen zujubeln, die mit Teilnahme und Bewunderung für den Mut verfolgt haben, wie zum erstenmal zwei Erdbewohner einen anderen Himmelskörper betreten haben. In ungezählten Interviews müssen sie immer wieder über ihre Erlebnisse berichten. Dabei bereitet es ihnen keine Schwierigkeiten, die einzelnen Schritte ihres Unternehmens und den Ablauf des Mondflugs zu schildern, aber es ist ihnen kaum möglich, auch Auskunft über ihre Emotionen zu geben. Astronauten sind keine Poeten, sie scheuen sich, über Gefühle und Ängste zu sprechen. Dreißig Jahre nach

Apollo 11 sagt Edwin Aldrin in einem Gespräch: „Für mich ist es immer schwierig, die einfachste aller Fragen zu beantworten. Das ist die, wie man sich fühlt, wenn man auf dem Mond steht. Das Gefühl von Leistung und Ehrfurcht und Prestige, das Gefühl, ein „früher Entdecker" zu sein – das alles läßt sich nur schwer vermitteln".

Die USA haben das Ziel, das Kennedy gesteckt hatte, wie geplant „vor Ende des Jahrzehnts" erreicht. Sie sind Sieger im Wettlauf mit der Sowjetunion, einem Wettlauf, der die sechziger Jahre beherrschte. Warum aber ist der Osten, der in den Anfangsjahren der Raumfahrt so herausragende Erfolge erzielt hat, ins Hintertreffen geraten? Erst Jahre später konnten die Ursachen ausgemacht werden. Einmal waren es die Kompetenzstreitigkeiten zwischen militärischer und ziviler Raumfahrt in der UdSSR, die alle Bemühungen um das gemeinsame Ziel zunichte machten. Zudem verloren sie 1966 durch den Tod ihren herausragenden Konstrukteur und Organisator, Sergei Pawlowitsch Koroljow. Und schließlich versagte die für den sowjetischen Mondflug gebaute Rakete N 1, die in Größe und Leistung der amerikanischen Saturn 5 entsprach, bei allen Teststarts. Moskau hatte zwar immer dementiert, sich am Wettlauf zum Mond zu beteiligen, aber seit einigen Jahren, seitdem Informationen über die sowjetischen Pläne an die Öffentlichkeit gelangen, können die wahren Absichten nicht mehr verschleiert werden. Die Planung sah vor, anders als die USA nur einen Mann auf dem Mond landen zu lassen, ein zweiter sollte im Mutterschiff zurückbleiben. Das fertiggestellte Landegerät, das in wesentlichen Merkmalen der amerikanischen Fähre ähnelt, wurde zum Museumsstück.

9. Sechsmal zum Mond und zurück

Weitere Mondlandungen – so hatte die NASA beschlossen – sollten in kurzen Abständen folgen. Dabei wollte man die verschiedensten Regionen des Erdtrabanten erkunden, so daß die Wissenschaftler möglichst viele Informationen für ihre Forschungsarbeiten bekamen. Bereits vier Monate nach der Premiere wurde Apollo 12 auf den Weg geschickt. Ziel war diesmal der Ozean der Stürme, mehr als 1200 km vom Apollo 11-Landeplatz entfernt und in unmittelbarer Nähe der automatischen Sonde Surveyor 3, die zwei Jahre und sieben Monate zuvor gelandet war. Die Astronauten verbrachten bei zwei Exkursionen insgesamt 7 Stunden und 45 Minuten außerhalb ihrer Fähre und legten dabei eine Strecke von ca. 2 km zurück. Für die Fernsehzuschauer, die auch dieses Unternehmen verfolgen wollten, gab es eine Enttäuschung, weil die Kamera, die diesmal sogar Farbbilder übertragen sollte, durch das helle Sonnenlicht beschädigt wurde und ausfiel. So konnte man auf der Erde nur noch den Sprechfunkverkehr verfolgen.

Dramatische Rettung

Auguren hatten gewarnt und darauf verwiesen, daß die Zahl 13 ein schlechtes Omen sei. Aber die amerikanische Weltraumbehörde blieb bei der vorgesehenen Numerierung, obwohl schon vor dem Start zur dritten Mondlandung am 11. April 1970, die in die Fra Mauro-Region führen sollte, eine Änderung in der Mannschaft notwendig geworden war. Der als Pilot der Kommandokapsel vorgesehene Astronaut Thomas Mattingly mußte nämlich wegen Erkrankung durch John Swigert ersetzt werden. Für solche und ähnliche Fälle standen bei den amerikanischen Raumflügen grundsätzlich Ersatzastronauten oder auch ganze Mannschaften bereit.

Der Kommandant dieses Unternehmens, James Lovell, war einer der erfahrensten Raumfahrer der NASA. Er hatte bereits einen 14tägigen Geminiflug und die ersten Mondumkreisungen mit Apollo 8 hinter sich. Nach einem Flug von fast 56 Stunden waren er und sein Team am 14. April an Bord von Apollo 13 dem Mond näher als der Erde, als sich plötzlich Swigert mit der alarmierenden Nachricht meldete: „Houston, wir haben ein Problem!" Die Mannschaft hatte einen Knall gehört. Zugleich zeigten die Kontrollanzeigen einen Spannungsabfall in einem der Kreisläufe. Im Geräteteil war ein Sauerstofftank explodiert. In kurzer Zeit mußte deshalb die gesamte Energieversorgung in der Kommandokapsel ausfallen. Die Astronauten befanden sich in höchster Gefahr, und im Dialog mit der Bodenkontrolle begann man fieberhaft nach einer Rettungsmöglichkeit zu suchen. Da die angekoppelte Fähre für ihren Aufenthalt auf dem Mond ein eigenes unabhängiges Energieversorgungssystem hatte, blieb nur eine Lösung: Die Mannschaft mußte aus der Kommandokapsel in diese Fähre umsteigen und dort die entsprechenden Einrichtungen aktivieren. In ihrem „Rettungsboot" waren die Energievorräte allerdings aus verständlichen Gründen geringer als in der Kapsel vor der Explosion. Es mußte deshalb sparsam damit umgegangen werden, zumal eine Rückkehr zur Erde nur auf dem Weg um den Mond möglich war und der Flug noch mehr als drei Tage dauern würde. Die Heizung wurde gedrosselt auf eine Temperatur von nur noch 5 Grad, das Essen konnten die Astronauten nicht mehr wie gewohnt aufwärmen. Es gab nur noch kalte Speisen. Aber was bedeuteten solche Einschränkungen im Vergleich zu der Gefahr, in der die drei sich noch immer befanden! Denn noch war nicht sicher, ob die Triebwerke, die sie für eine glückliche Rückkehr zünden mußten, unbeschädigt geblieben waren. Eine erste Bahnkorrektur wurde erforderlich, um das Raumschiff aus der Hybridbahn auf einen neuen Kurs zu bringen. Andernfalls bestand Gefahr, daß der Flug einige hundert Kilometer an der Erde vorbeiführen und eine Rettung der Mannschaft unmöglich würde. Astronauten und Bodenkontrolle konnten aufatmen, als die beiden Raketenmotoren der Fähre wie gewünscht funktionierten und damit ein weiteres Hindernis überwinden konnten.

Bevor Apollo 13 in die Erdatmosphäre eintauchte, wechselte die Mannschaft wieder in die Kommandokapsel. „Rettungsboot" und Geräteteil, dessen Beschädigung die Astronauten jetzt zum erstenmal sehen und photographieren konnten, wurden abgesprengt. Noch einmal gab es aufregende Minuten, in denen man, wie ein Augenzeuge berichtete, an den Pulten der Bodenkontrolle eine Stecknadel hätte fallen hören. Wird das Raumschiff den richtigen Winkel für den Flug durch die Schichten der Erdatmosphäre erreichen? Dann löste sich die Spannung der letzten Tage, als sich in Sichtnähe der Bergungsflotte die riesigen Fallschirme öffneten und das Unternehmen Apollo 13 südöstlich der Samoa-Inseln im Pazifik endete, 87 Stunden nach der Explosion an Bord. Nur durch die Simulationen und Berechnungen, die man in Houston angestellt hatte und durch die ständigen Kontakte zwischen der Mannschaft im Raumschiff und den Männern der Bodenkontrolle war es möglich geworden, eine Katastrophe zu verhindern.

Als Lovell, Swigert und Haise wenige Monate später am astronautischen Kongress in Konstanz teilnahmen, waren die Spuren, die ihr Unternehmen hinterlassen hatte, in ihren Mienen noch deutlich sichtbar. Keiner von ihnen hat je wieder an einem Raumflug teilgenommen.

Autofahrten im Mondstaub

Ursprünglich hatte die Planung der NASA insgesamt 10 Mondlandungen vorgesehen. Dann wurde das Programm jedoch gekürzt und auf sechs Unternehmungen beschränkt – einmal aus Kostengründen, zum zweiten aber auch, weil man die Überzeugung gewonnen hatte, daß der Besuch weiterer Mondregionen keine neuen Erkenntnisse für die Wissenschaft bringen würde.

Weil die Ursachen für das Desaster, das man mit Apollo 13 erlebt hatte, erforscht und beseitigt werden mußten, startete der nächste Flug erst neun Monate später, am 31. Januar 1971. Er führte in die bereits als Ziel für Apollo 13 vorgesehene Fra Mauro-Region unweit des Mondäquators. Gegenüber ihren Vorgängern hatten es die Astronauten diesmal beim Transport der wissenschaftlichen Geräte und der Mondproben etwas leichter, weil sie einen kleinen Handkarren mitführen konnten.

Noch komfortabler aber wurde es für die Mannschaften der drei letzten Apollo-Flüge, denn man hatte ein Lunar Roving Vehicle gebaut, dessen ausgetüftelte Technik ein Musterbeispiel für den Erfindungsreichtum seiner Konstrukteure ist. Die erste Bedingung, die sie erfüllen mußten, war, das Gewicht niedrig zu halten. Es gelang tatsächlich, seine Masse auf 250 kg beim Start zu beschränken. Das 2 mal 3 Meter große Fahrzeug in der Landefähre unterzubringen war nur möglich, indem man es zusammenklappte, so daß es nur noch die Hälfte seiner Normalgröße ausmachte. Vielleicht verraten einige andere technische Details mehr über den Unterschied zwischen dem Planeten Erde und seinem Mond als mancher gelehrte Vortrag. Wegen der großen Temperaturunterschiede auf unserem Nachtgestirn zwischen plus und minus 120 Grad waren Gummireifen ungeeignet. Eine zweckmäßige Lösung fand man in einem Geflecht von verzinktem Klavierdraht, der von winkelförmigen Titanstreifen umspannt wurde. Der Antrieb schließlich erfolgte über batteriegespeiste Elektromotoren. Ein herkömmlicher Verbrennungsmotor hätte im Vakuum des Mondes seinen Zweck verfehlt.

Auch für die Navigation ging man einen zweckmäßigen Weg. Wie bei Flugzeugen und Schiffen ermittelte ein Computer aus der zurückgelegten Strecke und den gewählten Richtungsänderungen die jeweilige Position und den Abstand zum Ausgangspunkt. Auf dem Lunar Roving Vehicle war eine Fernsehkamera befestigt, die von Houston aus gesteuert wurde und Bilder zur Erde übertrug.

Mit dem Einsatz des Fahrzeugs wurde nicht nur der Aktionsradius der Astronauten, sondern auch die Zahl ihrer Exkursionen ausgedehnt. Die Mannschaft von Apollo 17 brachte es sogar auf mehr als 22 Stunden. Darüber hinaus lagen die Ziele jetzt auch abseits des Mondäquators in gebirgigen Zonen. Apollo 15 landete unweit der Hadley-Rille im Norden, die Mannschaft von Apollo 16 untersuchte das Gelände in der Nähe des Kraters Descartes und der letzte Flug endete in der Taurus Littrow-Region, wobei diesmal mit Dr. Harrison H. Schmitt ein Geologe die bisher durch Astronauten geleistete Arbeit ergänzte.

Inzwischen war auch den Sowjets ein neues Bravourstück gelungen. Im November 1970 hatten sie ein von der Erde ferngesteuertes Mondfahrzeug im Mare Umbrium gelandet, dem im Januar 1973 ein zweites verbessertes folgte. Für die Fahrten dieses Lunochod (Mondgeher) sorgte eine fünfköpfige Bodenmannschaft, die die beiden Fahrzeuge insgesamt 47 km durch den Mondstaub steuerte. Die Energieversorgung der achträdrigen Karren, die eine Masse von 750 bzw. 850 kg hatten, versahen Solarzellen. Zur Ausrüstung gehörten mehrere Fernsehkameras, die insgesamt 100 000 Bilder zur Erde funkten.

Schließlich glückte den Sowjets im August 1976, was ihnen mit Luna 15 während der ersten Mondlandung der Amerikaner sieben Jahre vorher mißlungen war: Mit ihrer Luna-Sonde 24 brachten sie Mondproben zur Erde zurück, ein Unternehmen, das erneut den nach wie vor hohen Stand der sowjetischen Raumfahrttechnik bewies.

Für das Apolloprogramm hatten die Amerikaner insgesamt 25 Milliarden Dollar – nach dem damaligen Wechselkurs ca. 100 Milliarden Mark – veranschlagt. Durch die Verkürzung auf sieben statt auf zehn Flüge konnten davon mehr als 1 Milliarde Dollar eingespart werden. Der größte Kostenanteil, nämlich 62%, entfiel auf Planung und Bau der Raumschiffe und der Saturn 5-Rakete. Für Betrieb und Einrichtungen mußten 2,4 Milliarden Dollar aufgewendet werden.

Ende der sechziger Jahre waren mehr als 400 000 Menschen in der Industrie, in Universitäten und Forschungsinstituten sowie bei der amerikanischen Weltraumbehörde mit Planung und Bau der Raketen, Raumschiffe und der notwendigen Infrastruktur beschäftigt.

Und was ist aus den 12 Männern geworden, die auf dem Mond gelandet sind? Armstrong verließ schon kurz nach seinem Flug, der ihn berühmt gemacht hatte, die NASA, wurde Professor an der Universität Cincinnatti, wo er bis 1981 Luftfahrttechnik lehrte, und zog sich schließlich ganz aus der Öffentlichkeit auf eine Farm zurück. Aldrin, der einige Jahre mit Alkoholproblemen zu kämpfen hatte, ist heute Vorstand eines Unternehmens, das sich mit Fragen des Weltraumtourismus beschäftigt.

Besonders tragisch ist das Schicksal von Charles Conrad, dem Kommandanten von Apollo 12 und mit vier Raumflügen einer der erfahrensten Astronauten. Er verunglückte 1999 tödlich bei einem Motorradunfall. Alan Shepard (Apollo 14) starb an Leukämie und Jim Irwin (Apollo 15) an einer Herzkrankheit.

Apollo im Widerstreit der Meinungen

Während die Begeisterung der Menschen nicht nur in den USA nach der ersten Landung von Raumfahrern auf dem Mond beinahe einhellig war, meldeten sich in den folgenden Jahren zunehmend auch kritische Stimmen, die nicht nur den Sinn und Nutzen der Mondflüge, sondern auch der bemannten Raumfahrt überhaupt in Zweifel zogen. Damit begann eine Diskussion, die bis heute anhält und auch zukünftige Pläne einbezieht.

Schon vor den Mondflügen hatte der deutsche Nobelpreisträger Max Born von „einem tragischen Versagen der Vernunft" gesprochen". Der amerikanische Philosoph Lewis Mumford bezeichnete die Raumfahrt sogar als „eine kolossale Perversion von Energie, Denkkraft und anderen kostbaren menschlichen Fähigkeiten" und als den „raffinierten Versuch, den Wirklichkeiten dieser Erde zu entkommen". Blutige Kriege und Elend in der dritten Welt, Hunger, Verseuchung und Bildungsmisere werden als die wirklichen Probleme bezeichnet, die es zu lösen gelte, bevor man sich den Luxus kosmischer Unternehmungen leisten könne, deren Kosten in keinem vernünftigen Verhältnis zu ihrem Nutzen stünden.

Angesichts solcher Angriffe verstiegen sich auch die Verteidiger der Raumfahrt zuweilen in Argumente, die nicht immer überzeugen konnten. In der Vorbereitung und Ausführung der Mondflüge sahen sie ein Management- und Organisationsmuster, mit dem viele Probleme unserer Zeit gelöst werden könnten. Mit anderen Worten: nicht das Ziel, sondern die Methode sei das entscheidend Neue und Nützliche. Auch der Hinweis auf die „Abfallprodukte" der Raumfahrt musste herhalten, die so vielfältig seien, daß sie die personellen und materiellen Anstrengungen rechtfertigten.

Bis heute nicht verstummt, ist die Meinung, daß die Mondlandungen ausschließlich auf ein irregeleitetes Prestigedenken zurückzuführen seien, mit dem die beiden Raumfahrtkonkurrenten vor dem Hintergrund des kalten Krieges der übrigen Welt beweisen wollten, wer auf wissenschaftlich-technischem Gebiet die Nase vorn hat.

Vielleicht werden noch einige Jahrzehnte vergehen müssen, bis ein endgültiges Urteil über diese Zeit und über die Frage möglich ist, ob Armstrongs erster Schritt auf einem anderen Himmelskörper wirklich ein „großer Sprung für die Menschheit" war. Am 30. Jahrestag dieses Ereignisses gab es jedenfalls Kommentare, die das Für und Wider ausgewogener beurteilten als die polemisch geführten Diskussionen, die früher an der Tagesordnung waren und keine Seite ganz überzeugen konnten.

Ohne Zweifel stehen die Milliarden, die Amerika für seine Mondlandungen ausgab, in keinem Verhältnis zu den Kosten jener Segelschiffe, mit denen Kolumbus eine neue Welt entdeckte. Dennoch ist die Frage erlaubt, ob der Weg in den Kosmos nicht die Fortsetzung jener Entdeckungsreisen ist, bei denen Seefahrer wie Vasco da Gama und James Cook zu neuen Ufern aufbrachen oder andere den letzten weißen Flecken unserer Erde wie den Dschungelregionen Zentralafrikas und den Gebieten der Pole die letzten Geheimnisse entreißen konnten. Wenn man alle Unternehmungen der Menschheit nur noch nach ihrem Nutzen einordnen wollte, müsste man sich auch damit einverstanden erklären, auf zahlreiche Leistungen unserer Kultur zu verzichten. Erkenntnisdrang hat ebenso wenig Platz in einer Welt der reinen Nützlichkeit wie das Werk eines Künstlers.

Vielleicht ist die Begeisterung über die ersten Exkursionen auf dem Mond auch darauf zurückzuführen, daß uns etwas anderes bewußt wurde: In einem Jahrhundert, das gekennzeichnet war durch Kriege und Wirtschaftskrisen, durch Holocaust und Hiroshima, durch Versagen und Depression, gibt es eine Tat, bei der der Mensch nicht mehr als todbringender Zerstörer, sondern als friedlicher Entdecker erscheint.

Ein anderer, mehr emotionaler Aspekt, der viele Menschen nach den ersten Mondflügen bewegte, ist inzwischen ganz in den Hintergrund gerückt: das Bild unserer Erde als kleine blauweiße Kugel über dem Mondhorizont. Die Astronauten sprachen von einem „Saphir auf schwarzem Samt" und fast etwas distanziert von der „guten alten Erde". Diese Empfindungen teilten, meist unbewußt, viele Menschen, die ihren Heimatplaneten plötzlich mit anderen Augen als vorher sahen. Sir Fred Hoyle, der britische Astronom, hatte es vorausgeahnt, als er bereits 1948 schrieb: „Wenn es einmal eine Photographie der Erde geben wird, die von Draußen aufgenommen ist... dann wird eine neue Idee um sich greifen, die so umwälzend sein wird, wie nur je eine in der Geschichte gewesen ist." Es bestätigte sich jedoch sehr schnell, daß wir in einer Zeit leben, in der auch ungewöhnliche Ereignisse und Bilder allzu schnell wieder verdrängt oder vergessen werden. Mit anderen Worten: Wir haben das Wundern verlernt und sind nicht mehr in der Lage, das Außergewöhnliche in unser Denken einzufügen.

Bleibt zum Schluß die Frage nach dem wissenschaftlichen Ertrag. Apollo war nicht in erster Linie ein Programm der Forscher. Die Wissenschaft ist „später draufgesprungen", wie ein deutscher Kosmochemiker, der selbst Mondmaterial untersucht hat, zutreffend anführt. Fast 400 kg Gesteins- und Staubproben aus verschiedenen Mondregionen haben die Lunanauten mit zur Erde gebracht. An sechs Stellen des Erdtrabanten stehen wissenschaftliche Geräte, die jahrelang Daten zur Erde gefunkt haben. Die Behauptung von Harold Urey, daß er mit einem Stück vom Mond die Entstehung des Sonnensystems erklären könnte, war sicher voreilig und überzogen. Aber während man früher drei unterschiedliche Theorien über die Genesis des Mondes hatte, glauben die Astronomen heute eine Hypothese gefunden zu haben, die überzeugender ist als die bisherigen Behauptungen. Demnach ist in der Entwicklungsphase unseres Planetensystems ein kosmischer Brocken mit der Erde kollidiert und zusammen mit irdischem Material wieder in den Weltraum zurückgeschleudert worden, wobei unser Planet ihn durch seine Massenanziehung in einer erdnahen Bahn gehalten hat.

10. Frühe Raumstationen

Während die USA sich in den sechziger Jahren ganz auf ihr Apollo-Programm konzentrierten, fuhr man in der bemannten Raumfahrt der Sowjetunion doppelgleisig. Auf der einen Seite traf man ebenfalls Vorbereitungen, einen Mann zum Mond zu schicken, was aus den bereits dargestellten Gründen scheiterte. Andererseits trieb der Osten den Bau einer Weltraumstation voran, womit alte Pläne verwirklicht wurden. Für längere Zeit sollten sich mehrere Raumfahrer in einer solchen Station aufhalten können und sowohl wissenschaftliche als auch militärische Aufgaben übernehmen.

Salut, die Werkstatt im Kosmos

Wenige Monate, nachdem den Amerikanern mit Apollo 14 die dritte Mondlandung gelungen war, startete von Baikonur am 19. April 1971 der erste von sieben neuartigen Raumflugkörpern, die den Namen Salut trugen, ein Programm, das für die Folgejahre die bemannte Raumfahrt der Sowjetunion bestimmte und erst 20 Jahre später endgültig abgeschlossen wurde.

In einer Art Stafettenlauf wurde Salut von wechselnden Mannschaften besetzt, die mit Sojus-Raumschiffen zur Station gelangten. Die gesamte Konfiguration hatte eine Länge von 20 m, eine Masse von 25 t und einen Rauminhalt von ca. 100 cbm. Die Energieversorgung erfolgte über große Solarzellenflächen. Aufgabe der fünfköpfigen Besatzung waren vor allem medizinische und biologische Experimente und Untersuchungen sowie Erderkundung. Außerdem befand sich an Bord ein Schmelzofen zur Herstellung von Halbleiterkristallen. Die besonderen Chancen, die Raumstationen bieten, in denen Besatzungen sich längere Zeit aufhalten können, besteht nach Meinung von Fachleuten in der Nutzung der Schwerelosigkeit und des Vakuums für die Entwicklung neuer Verfahrenstechniken und Werkstoffe. Die Einrichtung der Salut-Station 3 und die Auswahl ihrer Besatzung ließen vermuten, daß es sich bei diesem Unternehmen um militärische Aufgaben handelte.

Als Problem stellte sich heraus, daß es einige Zeit dauerte, bis die Sowjets die bei den Amerikanern inzwischen zur Routine entwickelte Rendezvous- und Andocktechnik beherrschten. So konnten die ersten fünf Stationen, die bis 1977 operierten, im Vergleich zu ihrer Lebensdauer nur verhältnismäßig kurze Zeit auch tatsächlich bemannt werden. Hinzu kam, daß die erste Salut-Besatzung bei ihrer Rückkehr zur Erde – wie bereits berichtet – tödlich verunglückte.

Im September 1977 gelang es, mit der Nummer 6 eine verbesserte Version in die Erdumlaufbahn zu bringen. Sie hatte zwei Andockstutzen, so daß entweder ein zweites Sojus-Raumschiff oder ein Progress-Transportgerät anlegen konnte, das bei Langzeitaufenthalten die Mannschaften mit Nahrungsmitteln und Treibstoff versorgte, mit Abfällen beladen wieder abgestoßen wurde und beim Rückflug in der Erdatmosphäre verglühte.

Im Rahmen ihres Interkosmos-Programms gab die Sowjetunion auch Raumfahrern befreundeter Nationen zum erstenmal Gelegenheit, ebenfalls an Weltraumflügen teilzunehmen. So gelangten neben den jeweiligen Stammbesatzungen im Lauf der Jahre nicht nur Kosmonauten der Nachbarländer, sondern auch ein Vietnamese, ein Kubaner und ein Mongole in den Kosmos. An der dritten Stelle der Gäste aber stand Sigmund Jähn aus der damaligen DDR, 1937 im Vogtland geboren. Er wurde damit im August 1978 der erste deutsche Raumfahrer.

Den Abschluss des Salut-Programms mit Nr. 7 bildete eine Station der dritten Generation, von der allerdings nur ein Exemplar gebaut wurde, weil der Osten inzwischen ein noch umfangreicheres Unternehmen vorbereitete. Diesmal durfte mit dem Franzosen Jean-Loup Chretien auch ein Gast aus dem westlichen Ausland und mit dem Inder Rakesh Sharma der Angehörige eines blockfreien Landes mit an Bord gehen. Trotz der anfänglichen Probleme waren diese ersten Raumstationen insgesamt mehrere Jahre von unterschiedlichen Mannschaften besetzt, wobei eine der Besatzungen mit 237 Tagen einen neuen Rekord aufstellte.

Tafel 1: Eisenbahntransport einer russischen Trägerrakete zum Startplatz auf dem Kosmodrom Baikonur

Tafel 2: Juri Gagarin, erster Mensch im Weltraum
(12. April 1961)

Tafel 3: Apollo 15: Astronaut James Irvin
mit Mondauto am Hadley-Gebirge (1971)

Tafel 4: Rendezvous einer amerikanischen Apollo-Kapsel
und eines sowjetischen Sojus-Raumschiffs (17. Juli 1975)

Tafel 5: Die europäische Trägerrakete Ariane 5
auf dem Startplatz von Kourou in Französisch Guayana

Tafel 6: Aufnahme der Marsoberfläche
durch die amerikanische Planetensonde Viking (1976)

Tafel 7: Die amerikanisch-deutsche Planetensonde Galilei

Tafel 8: Start eines amerikanischen Space Shuttle auf Cape Canaveral

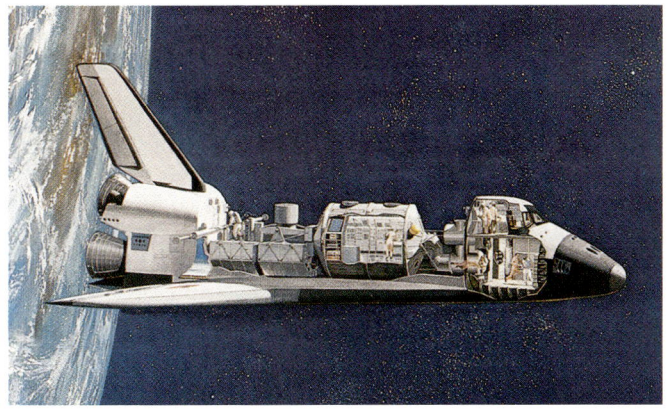

Tafel 9: Das europäische Weltraumlabor Spacelab in der Nutzlastbucht eines amerikanischen Space Shuttle

Tafel 10: Reinhard Furrer am Spacelab-Schlitten (1985)

Tafel 11: Die russische Raumstation Mir

Tafel 12: Die Internationale Raumstation

Tafel 13: Der deutsche Kosmonaut Reinhold Ewald (Mitte) vor dem Start auf dem russischen Kosmodrom Baikonur (1997)

Das Himmelslabor Skylab

Ein Abfallprodukt ihres Apollo-Programms diente den Amerikanern ebenfalls zum Bau einer Raumstation. Da sie ihre Mondflüge anstelle der ursprünglich vorgesehenen 10 auf 7 beschränkt hatten, verfügten sie sowohl über einige zusätzliche Kommandokapseln als auch über weitere Saturn 5-Raketen, die nun für Alternativ-Unternehmungen genutzt werden konnten.

Dabei erwies sich die schubstarke Mondrakete als vorteilhaft, weil sie schwere Nutzlasten in den Erdorbit transportieren konnte. Ihre dritte Stufe wurde modifiziert und in eine Raumstation mit einer Masse von nicht weniger als 90 t verwandelt, die den zutreffenden Namen Skylab (Himmelslabor) erhielt. Entsprechend komfortabel waren die Ausmaße: bei einer Länge von insgesamt 36 m und einem Durchmesser bis zu 6,70 m hatte sie einen Rauminhalt von 360 cbm, was immerhin der Größe eines kleinen Einfamilienhauses entsprach. Die Umlaufbahn lag anfangs zwischen 420 und 440 km.

Am 14. Mai 1973 gestartet, nahm sie in den folgenden neun Monaten drei Besatzungen von jeweils drei Astronauten auf, die mit Apollo-Kapseln zur Station befördert wurden. Der längste Aufenthalt betrug 84 Tage, ein neuer Rekord. Mehr als 34 Stunden hielten sich die Raumfahrer bei mehreren Außenbordaktivitäten dabei im freien Weltraum auf.

Beinahe wäre das Unternehmen schon in der Anfangsphase gescheitert, denn durch die Vibration beim Start wurde kurze Zeit später ein Teil des Schutzschilds abgerissen, der gegen die starke Sonneneinstrahlung und gegen Mikrometeoriten vorgesehen war. Dadurch entstanden in der Station Temperaturen, die für den Aufenthalt von Menschen unerträglich waren. Der ersten Mannschaft gelang es jedoch, einen Folienschirm anzubringen und damit das entstandene Problem zu lösen. Bei zeitaufwendigen Außenbordarbeiten wurde schließlich auch eine weitere Schwierigkeit behoben: Charles Conrad, der Kommandant der ersten Skylab-Besatzung entfaltete eine der Solarzellenflächen, die sich verklemmt hatte, eine zweite war abgerissen.

Die Größe der Station ließ nicht nur eine Beobachtung von der

Erde aus mit bloßem Auge zu – auch in Deutschland war Skylab auf seiner Bahn von West nach Ost in der Morgen- und Abenddämmerung zu sehen –, sie bot ihren Besatzungen auch einen Aufenthalts- und Arbeitskomfort, der sich von allen bisherigen Raumfahrtunternehmungen erheblich unterschied. Den Kern bildete die Raumwerkstatt, die durch Gitterböden in zwei Decks unterteilt war. Hier befanden sich sowohl Geräte für die Experimente sowie die Schalt- und Kontrollkonsolen als auch die Aufenthaltsräume und Schlafkabinen der Mannschaften. Kennzeichnend für die Annehmlichkeiten an Bord war nicht zuletzt eine Duscheinrichtung und damit eine bisher für Weltraumflüge undenkbare Hygiene. Auch die Speisekarte hätte die Besatzungen früherer Flüge mit Neid erfüllt. Es gab tiefgefrorene, dehydrierte und getrocknete Nahrungsmittel, die mit entsprechenden Vorrichtungen zubereitet werden konnten. Neben Suppen und Rühreiern gehörten Truthahn mit Soße und Filet Mignon ebenso zu den gastronomischen Besonderheiten wie Krabben-Cocktail und Waffeln. Daß Kaffee, Tee und die verschiedensten Säfte zu den täglichen Rationen gehörten, versteht sich von selbst.

Das Arbeitsprogramm war vielfältig. Für zukünftige Langzeitaufenthalte war es unerläßlich, Erkenntnisse über die Auswirkungen der Schwerelosigkeit auf den menschlichen Organismus und Veränderungen im Knochenbau zu gewinnen. Auch wenn einige Astronauten zeitweise unter der Raumkrankheit litten, wurden die Ergebnisse von Fachleuten durchweg positiv eingeschätzt. Zum biologischen Programm gehörte die Beobachtung von Fischen und Spinnen und deren Verhalten unter den Bedingungen der Schwerelosigkeit. Besonders umfangreich waren astronomische Aufnahmen der Sonne, der Sterne und des Kometen Kohoutek. Hinzu kamen auch spezielle Aufgaben der Erderkundung. Das Material, das die Besatzungen mit zur Erde brachten, war so umfangreich, daß Wissenschaftler mit der Auswertung jahrelang beschäftigt waren.

Als die Station im Lauf der Zeit an Höhe verlor und sich den oberen Schichten der Erdatmosphäre näherte, verzichtete die NASA darauf, weitere Besatzungen in den Orbit zu schicken. Wegen des Umfangs von Skylab gab es im Juli 1979 einige Unruhe, als Sensationsmeldungen über einen möglichen Absturz auf bewohnte Gebiete berichteten. Die Aufregung legte sich erst, als der bisher größte in den Erdorbit gebrachte Raumflugkörper über Australien beim Weg durch die dichteren Luftschichten auseinanderbrach und seine Einzelteile verglühten.

Rendezvous der Konkurrenten

Was von manchen Beobachtern der Weltraumaktivitäten in Ost und West als Werbeaktion oder gar als spektakuläres Possenspiel abgetan wurde, war in Wirklichkeit ein an Experimenten erfolgreiches Unternehmen. Zum erstenmal trafen sich im Juli 1975 amerikanische Astronauten und sowjetische Kosmonauten zu einem gemeinsamen Flug im Erdorbit.

Das Programm, das bereits Ende der sechziger Jahre geplant und 1972 durch ein Abkommen beschlossen worden war, begann am 15. Juli mit dem Start einer Sojus-Kapsel auf dem Kosmodrom Baikonur und eines Apollo-Raumschiffs am Cape Canaveral. Zwei Tage später koppelten beide Raumfahrzeuge in einer 220 km hohen Kreisbahn aneinander, um einige Stunden später den in Amerika gebauten Verbindungstunnel zu öffnen und fast vier Tage lang gemeinsam die Erde zu umrunden. Nach dem Begrüßungszeremoniell, das per Fernsehen zur Erde übertragen wurde, und dem Austausch von Geschenken gab es gegenseitige Besuche. Die beiden Mannschaften – drei Amerikaner und zwei Russen – hatten Sprachkurse absolviert und sich bereits beim Training kennen gelernt. Kommandant auf sowjetischer Seite war der erfahrene Alexei Leonow, der zehn Jahre zuvor als erster ein Ausstiegsmanöver ausgeführt hatte. Die Amerikaner wählten als ihren Teamchef den 51jährigen Deke Slayton, der schon in den sechziger Jahren zur ersten US-Astronauten-Mannschaft gehörte und aus Gesundheitsgründen bisher auf einen Raumflug verzichten mußte.

Daß dieser gemeinsame Flug mehr als eine good will-Aktion war, mit dem zugleich das Ende des langjährigen Wettlaufs im Kosmos angedeutet werden sollte, beweisen die 35 Experimente, die auf dem Programm dieses Unternehmens standen und die die beiden Mannschaften zum Teil gemeinsam ausführten. Astronomische Beobachtungen, Untersuchungen auf den Gebieten Medizin, Biologie und Materialwissenschaften bildeten neben Erdbeobachtung den Schwerpunkt. Vorschläge für diese Arbeiten kamen nicht nur von amerikanischen Universitäten und Forschungsinstituten sowie von der sowjetischen Akademie der Wissenschaften, sondern auch aus Deutschland, vom Max-Planck-Institut für Biochemie in München und von der Universität Frankfurt.

Neben diesen wissenschaftlichen Untersuchungen verwies man auch auf ein ganz anders geartetes Ziel, das mit diesem gemeinsamen Flug erreicht werden sollte: die Möglichkeit der gegenseitigen Hilfe, wenn die Besatzung eines Raumschiffs in Not geraten und gerettet werden müßte. Immerhin hatte der sowjetische Ministerpräsident Kossygin bereits beim Unglücksflug der Apollo 13 dem US-Präsidenten gegenüber die Bereitschaft erklärt, bei der Rettungsaktion zu helfen. Der gemeinsame Flug der Kosmonauten und Astronauten blieb ein Einzelfall. Es sollte 20 Jahre dauern, bis es wieder zu einer ähnlichen Begegnung kam, als der amerikanische Space Shuttle Atlantis im Juni 1995 an die russische Station Mir andockte.

11. Europa will nicht abseits stehen

Die Idee, in den Weltraum vorzudringen, hatte in Europa, nicht zuletzt in Deutschland, Tradition. Es war jedoch abzusehen, daß die einzelnen Nationen des alten Kontinents weder finanziell noch technisch vergleichbare Leistungen wie die beiden Großmächte USA und UdSSR erbringen konnten. Deshalb lag es nahe, gemeinsam vorzugehen und entsprechende Pläne und Entwicklungen zu koordinieren. Bereits 1962 gründeten sie deshalb mit der ELDO eine Organisation, der sechs europäische Staaten und Australien angehörten und die fünf Jahre nach Sputnik eigene Raketenprojekte vorantrieb.

Zwei Jahre später folgte mit der ESRO, der sich bereits 10 Länder anschlossen, ein weiterer Verbund, der es sich zur Aufgabe machte, die Weltraumforschung und damit die Entwicklung von Forschungs- und Nutzsatelliten zu koordinieren. Beide Organisationen wurden schließlich 1975 durch die ESA (European Space Agency) abgelöst. Ihre Zentrale befindet sich in Paris, das Forschungs- und Technologiezentrum ESTEC in Noordwijk, Niederlande, ein Datenzentrum ESRIN in der Nähe Roms und das Operationszentrum ESOC in Darmstadt. Daneben bildeten sich nationale Forschungseinrichtungen wie die CNES in Frankreich und die DFVLR (heute DLR) in der Bundesrepublik.

Von der Europa-Rakete zur Ariane

Es war allzu verständlich, daß Europa sich mit eigenen Raketen unabhängig machen wollte, um für die Starts seiner geplanten Satelliten und Sonden nicht auf amerikanische Hilfe angewiesen zu sein. Dabei standen die Bemühungen der ELDO allerdings unter keinem guten Stern.

Als Startplatz hatte man ein Versuchsgelände bei Woomera in Südaustralien vorgesehen, wo von 1964 bis 1970 die sogenannte Europa-Rakete erprobt wurde. Sie sollte Nutzlasten von 1000 kg in eine Umlaufbahn von 500 km Höhe bringen. Für den etwa 32 m langen Träger stellte Großbritannien die erste, Frankreich die zweite und die Bundesrepublik die dritte Stufe. Daß alle 10 Tests erfolglos blieben, erinnerte zwar fatal an die ersten Raketenversuche in den USA und deren Fehlschläge, ist aber weniger auf technische Mängel als vielmehr auf Organisations- und Koordinationsprobleme zurückzuführen. Spötter sprachen ironisch, aber nicht ganz unberechtigt von „Europas hinkenden Raketen".

Auch der Wechsel von Woomera zu einem neuen Startplatz im französischen Übersee-Departement Guayana brachte zunächst keine Fortschritte. Dort hatte man in Kourou am Rand des südamerikanischen Urwalds nördlich von Cayenne die für eine Startanlage erforderliche Infrastruktur geschaffen, wobei die Nähe zum Äquator für Raketenstarts vorteilhaft ist. Als der Test einer inzwischen modifizierten Europa 2-Rakete im November 1971 ebenfalls mißglückte, wurde die Entwicklung abgebrochen und die Konstruktion eines völlig neuen Trägersystems begonnen.

Unter dem Namen Ariane entstand eine Raketenfamilie, die sich in wenigen Jahren technisch und wirtschaftlich zu einem der erfolgreichsten Unternehmungen der ESA entwickelte. Schon der erste Start einer 48 m hohen Ariane 1 am Heiligen Abend 1979 gelang, in der Folgezeit gab es jedoch einige Fehlschläge, wobei auch Nutzlasten verloren gingen. Für Starts und Vermarktung ist seit 1980 Arianespace zuständig, ein Konsortium, an dem Raumfahrtfirmen, auch aus Deutschland, Banken und die französische Raumfahrtorganisation CNES beteiligt sind.

Der Nachteil dieser ersten Arianeversion war ihre geringe Nutzlastkapazität, denn sie konnte nicht mehr als 1800 kg in einen geostationären Orbit bringen. Mit Ariane 2 und 3 erfolgten deshalb Weiterentwicklungen, deren Kapazität sich mit Hilfe von zusätzlichen Boostern auf 2700 kg erhöhte.

Als besonders erfolgreich erwies sich schließlich Ariane 4, für die es sechs verschiedene Versionen gab, wobei mehrere Feststoff- oder Flüssigkeitsstarthilfen Lasten bis zu 4700 kg zu tragen im Stande waren. Der neue Träger, der im Januar 1990 zum Erstflug startete, wird auch in den kommenden Jahren noch eingesetzt und vor allem Kommunikationssatelliten transportieren.

Im Schnitt werden pro Jahr 12 Starts vorgesehen, wobei sich die Kosten jeweils auf ca. 180 Mio. DM belaufen und je nach Auftragslage auch mehrere Satelliten gleichzeitig in den Weltraum gebracht werden können.

Eine vollständige Neuentwicklung ist das jüngste Mitglied der Arianefamilie, die, aus zwei Stufen bestehend, mit einer Startmasse von 725 t gegenwärtig bis 6800 kg befördert und in den kommenden Jahren auf eine Kapazität von 12 000 kg gebracht werden soll. Zu ihren Aufgaben wird dann nicht nur der Transport von Satelliten gehören. Sie soll auch als Zubringer zur Internationalen Raumstation dienen. An den Entwicklungskosten von 12 Mrd. DM war Frankreich mit dem Löwenanteil von 46% beteiligt, Deutschland steuerte 22% und Italien 15% bei. Nicht nur am Startplatz Kourou, sondern auch bei den am Bau dieser Ariane 5 beteiligten Firmen war die Enttäuschung groß, als ihr Jungfernflug Anfang Juni 1996 bereits nach 41 Sekunden zu Ende war und die Rakete wegen eines fehlerhaften Rechnerbefehls durch den Selbstzerstörungsmechanismus zur Explosion gebracht wurde.

Nicht ohne Grund befürchteten die Europäer dauerhafte Nachteile ihres bis zu diesem Zeitpunkt erfolgreichen Geschäfts bei der Beförderung von gewerblichen Nutzlasten in den Weltraum. Immerhin hatten sie inzwischen weltweit einen Anteil von mehr als 50% in Konkurrenz nicht nur zu den USA und Russland, sondern auch zu China erreicht. Bereits 1996 betrug der Umsatz von Arianespace 1,85 Mrd. DM und der Gewinn 40 Mio. DM. Es dauerte 17 Monate, bis Ende Oktober 1997 der zweite Start der Ariane 5 zum Erfolg führte. An Bord befanden sich ein Forschungssatellit und zwei Plattformen.

Heos, Symphonie, Helios und andere Projekte

Da die europäischen Staaten weder einzeln noch in einer gemeinsamen Organisation mit den zum Teil aufwendigen Projekten der beiden Großmächte im Weltraum, vor allem auf dem Gebiet der bemannten Raumfahrt, Schritt halten konnten, mußten sie vorerst mit bescheideneren Projekten versuchen, die neue

Technik für sich zu nutzen. Das gilt für Anwendungssatelliten, wo sie zum Beispiel mit der Meteosat-Serie für die Verbesserung der Wetterprognose seit 1977 erfolgreich waren, aber auch für Forschungssatelliten und -sonden. An drei Beispielen sollen diese Bemühungen dargestellt werden.

Noch im Auftrag der ESRO wurden zwei Geräte mit der Bezeichnung HEOS 1968 und 1972 auf exzentrische Bahnen zwischen 400 und 230 000 km Höhe gebracht. Die zylinderförmigen Satelliten, deren Masse nur ca. 100 kg betrug und die mangels eigener Möglichkeiten durch amerikanische Raketen in den Weltraum befördert wurden, erforschten mit ihren Meßgeräten über einen Zeitraum von mehreren Jahren die äußeren Bereiche der Magnetosphäre sowie den sogenannten Sonnenwind und den Erdmagnetismus.

Als ein Beispiel erfolgreicher deutsch-französischer Zusammenarbeit galten zwischen 1974 und 1984 die beiden experimentellen Nachrichtensatelliten Symphonie. Sie sollten ein erster Schritt auf dem Weg der Europäer sein, im kommerziell interessanten Bereich der Nachrichten- und Kommunikationssatelliten unabhängig zu werden, was etliche Jahre später vor allem mit der Eutelsat-Serie auch gelang. Vorerst aber bestanden die Amerikaner auf ihrem Monopol. Den Start der beiden Symphonie-Geräte mit US-Raketen verbanden sie mit der Forderung, sie nur zu Testzwecken und nicht wirtschaftlich zu nutzen. Der Erfolg dieses Programms stand dennoch außer Zweifel. 20 Länder mit 50 Erdefunkstellen beteiligten sich an den Versuchen, darunter China, Indien, Iran, Staaten der arabischen Welt und Afrikas ebenso wie Kanada und Südamerika. Neben Telefon- und Fernsehübertragungen gab es auch Tests mit Rechnerverbundnetzen zwischen Anlagen in Europa und in den USA. Im Dienst der UNESCO wurden bei der 19. Generalkonferenz das Hauptquartier dieser Organisation in Paris mit dem Tagungszentrum im ostafrikanischen Nairobi durch Symphonie miteinander verbunden.

Ebenfalls ein Zwillingsprojekt ist das deutsch-amerikanische Programm Helios, das zu einem der erfolgreichsten Unternehmungen der unbemannten Raumfahrt werden sollte. Helios 1 wird im Dezember 1974 von Cape Canaveral aus zum Flug in das Innere unseres Sonnensystems gestartet, die Schwestersonde Helios 2 folgt dreizehn Monate später. Bereits 1966 ist das Projekt zwischen dem deutschen Bundeskanzler Ludwig Erhard und dem amerikanischen Präsidenten Lyndon B. Johnson vereinbart worden. Die beiden Sonden haben die Form von Garnrollen mit einem Durchmesser von 2,70 m an den Enden und mit einer Höhe von 4,20 m einschließlich Antenne. Die Masse der einzelnen Sonde beträgt 370 kg, davon entfallen 74 kg auf die Experimente. Mehr als 14 000 Solarzellen liefern die Energie für Meßgeräte und Datenübertragung. Die ursprünglich angesetzte Missionsdauer von 18 Monaten wird weit überschritten. Helios A sendet noch Daten, als sich 1984 deutsche und amerikanische Wissenschaftler, Industriemanager und Politiker zum 10jährigen Jubiläum in München treffen.

Die Bundesrepublik trägt bei diesem deutsch-amerikanischen Gemeinschaftsunternehmen nicht nur die Verantwortung für Entwicklung und Bau der Geräte, sondern ist auch für den Missionsbetrieb zuständig. Nach dem Start wird der Flug zunächst vom amerikanischen Pasadena, dann vom Kontrollzentrum der DLR in Oberpfaffenhofen überwacht.

Die elliptische Flugbahn führt die Geräte näher an die Sonne heran als irgendeine andere Raumsonde bisher. Dabei kreuzen sie die Bahnen der Planeten Venus und Merkur, um sich schließlich mit einer Geschwindigkeit von 240 000 km pro Stunde bis auf 46 Mio. km unserem Zentralgestirn zu nähern – das ist ein Drittel der mittleren Entfernung zwischen Erde und Sonne. Es dauert etwa ein halbes Jahr, bis Helios einmal seine Bahn vollendet hat. Da entgegen der ursprünglichen Planung, die nur jeweils drei Sonnenumläufe vorgesehen hat, die Flüge sich über ein volles Jahrzehnt erstrecken, können die Forscher Daten über einen ganzen Sonnenzyklus, der im Durchschnitt etwa elf Jahre dauert, gewinnen. In diesem Zyklus vollziehen sich auf unserem Stern Veränderungen, die die Astronomen schon seit langem beobachten. Auf seiner Oberfläche ereignen sich gewaltige Explosionen und Ausbrüche, die, als optische Phänomene von der Erde beobachtet, wie Flecken erscheinen. Diese Sonnenaktivitäten, die auch unsere Erde beeinflussen, erfahren in ihrem elfjährigen Zyklus erhebliche Schwankungen. Dank des Helios-Programms wissen wir heute mehr über die Eigenschaften des „Sonnenwindes", der sich mit Geschwindigkeiten von 300 bis 1000 km pro Sekunde durch den interplanetaren Raum bewegt, und über das Wesen von Teilchen mit sehr hoher Energie, die von der Sonne stammen oder von anderen Quellen aus der Tiefe des Weltraums. Darüber hinaus gibt es auch neue Erkenntnisse für die Meteoritenforschung. Im interplanetaren Raum nimmt die Zahl der Mikrometeoriten in Richtung auf die Sonne zu. So sind in das Mosaikbild, das wir bis dahin von unserem Zentralgestirn, seinen Eigenschaften und seinen Einwirkungen auf unsere Erde angelegt hatten, wichtige neue Steine eingefügt worden. Darum sind die Experten überzeugt, das die Kosten für die Helios-Experimente in Höhe von 780 Mio. DM, von denen die Bundesrepublik den Hauptanteil trägt, keine Fehlinvestition sind.

Dem Kometen Halley auf der Spur

Als im Jahr 1301 die Menschen zum Himmel starrten, um eine ungewöhnliche Himmelserscheinung zu bewundern, war unter ihnen vermutlich auch der italienische Maler Giotto di Bondone. Warum hätte er sonst auf einem Fresko, das er wenige Jahre später malte und das die Anbetung der heiligen drei Könige darstellte, über dem Stall zu Bethlehem keinen gewöhnlichen Stern, sondern jenes merkwürdige, hellstrahlende Licht mit einem riesigen Schweif wiedergeben sollen! Es war jener Komet, der erst viel später nach dem englischen Astronomen Edmund Halley seinen Namen erhielt und der sich auf einer riesigen elliptischen Bahn im Schnitt alle 76 Jahre unserer Erde nähert. So lag es nahe, eine Raumsonde, die 1986 den Kometen bei seiner Wiederkehr erforschen sollte, nach jenem Giotto zu benennen.

Bei der Annäherung des Halleyschen Kometen im Jahr 1910 verbreitete das Ereignis Angst und Schrecken, und viele befürchteten den Weltuntergang. Während die Astronomen diesen Himmelskörper in der Vergangenheit allenfalls mit dem Fernrohr beobachten konnten, gab ihnen nun die Raumfahrttechnik eine Möglichkeit, ihn aus der Nähe zu erforschen. So wurde ihm 1984 und 1985 eine kleine Armada von Raumsonden entgegengeschickt: zwei sowjetische Instrumententräger, die sich dem Kometen bis auf 3000 bzw. 10 000 km nähern sollten, zwei japanische Geräte, die seine Bahn allerdings nur in größerer Entfernung kreuzen konnten, und eine amerikanische Sonde. Flaggschiff dieses Verbandes von Raumflugkörpern war jedoch Giotto, im Auftrag der ESA entwickelt und finanziert, wobei das deutsche Bundesministerium für Forschung und Technologie einen erheblichen Anteil beisteuerte. Giotto sollte sich in einer Art Kamikazeflug bis auf 500 km dem Kern des Kometen nähern. Der Start erfolgte mit einer Ariane-Rakete am 2. Juli 1985. An Bord waren 11 wissenschaftliche Instrumente mit einem Gewicht von annähernd 60 kg. Mit vier Experimenten waren Max-Planck-Institute und die Universität Köln vertreten. Ein Instrument von besonderer Qualität war eine neuartige Kamera mit Teleoptik, auf deren Aufnahmen Fachleute wie Laien besonders gespannt warteten. Weil die Entfernung zwischen Erde und Komet auch bei der größten Annäherung noch immer 145 Mio. km betragen würde, konnte sie nicht mit Signalen von der Erde aus gesteuert werden, sondern mußte sich automatisch an der Helligkeit des Kometenkerns orientieren.

Bei der geringen Distanz, die für das Rendezvous mit dem Himmelskörper geplant war, bestand die Gefahr, daß die Sonde durch Staubpartikel beschädigt würde und ihre Aufgabe nicht wie vorgesehen erfüllen konnte. Darum wurde sie an ihrer Frontseite mit einem doppelten Schutzschild versehen, der das Gerät auch beim Aufprall eines Teilchens mit einem Durchmesser von 5 mm noch nicht in seiner Funktion beeinträchtigt hätte.

In der Nacht vom 13. zum 14. März 1986 näherte sich Giotto mit großer Geschwindigkeit ihrem Ziel, und es geschah, was viele befürchtet hatten. Etwa 1600 km vom Kometenkern entfernt geriet der Instrumententräger durch den Zusammenstoß mit einem Staubteil ins Trudeln, die Verbindung zum Kontrollzentrum der ESOC in Darmstadt brach ab und konnte erst nach einer halben Stunde wieder hergestellt werden.

Trotz dieses Mißgeschicks wurde die Giotto-Mission ein Erfolg, denn die Sonde hatte ihren Kurs beibehalten. Jedoch waren drei Instrumente ausgefallen, darunter auch die Kamera, die aber vorher mehr als 2000 Aufnahmen gemacht hatte. So konnten Form und Größe des Kometenkerns sehr genau ermittelt werden. Seine längliche Form mit Vertiefungen und Erhebungen hat etwa die Maße von 8 x 8 x 16 km. In jeder Sekunde gibt er etwa 200 t Gas und Staub an seine Umgebung ab. Die Analyse ergab einen hohen Anteil an Wasserstoff, Kohlenstoff, Stickstoff und Sauerstoff.

Mit Giotto konnte die europäische Raumfahrt einen ihrer großen Erfolge feiern und beweisen, daß sie in der Lage ist, auch bei außergewöhnlich schwierigen Weltraumunternehmungen mit den beiden Großmächten bei der Erforschung unserer kosmischen Umgebung Schritt zu halten. Das gilt auch für andere Forschungssatelliten und -sonden, deren Aufgaben und Ergebnisse an dieser Stelle nicht behandelt werden können. Sie tragen u. a. Namen wie Exosat, Ulysses, Hipparcos, Rosat, ISO und Huygens. Die DLR sowie Max-Planck-Institute, Universitäten und Industriefirmen in Deutschland sind an den Erfolgen dieser Raumflugkörper, die nur selten Schlagzeilen machen, wesentlich beteiligt.

12. Bis zu den Grenzen unseres Sonnensystems

Seit Jahrzehnten wird unter Fachleuten die Frage diskutiert, ob die bemannte oder die unbemannte Raumfahrt die wichtigeren Ergebnisse und größeren Erfolge verbuchen kann. Dabei spielen ökonomische Gesichtspunkte in der Argumentation eine bedeutende Rolle. Raumschiffe und -stationen, so behauptet eine Seite, verschlingen erhebliche Summen, obwohl ihr Nutzen diesen Aufwand nicht rechtfertige. Ferngesteuerte Satelliten und Sonden benötigten dagegen nur einen Bruchteil dieser Mittel. Roboter könnten aber, so die Meinung der anderen Seite, den Menschen mit seiner Kreativität und seiner Entscheidungs- und Steuerungsmöglichkeit im Weltraum noch lange nicht ersetzen.

Daß die Erkundungsflüge der unbemannten Planetensonden zu den großen Leistungen der noch immer jungen Geschichte der Raumfahrt gehören und die Vorstellungen über unsere kosmische Heimat erheblich erweitert und verändert haben, steht für Jedermann außer Zweifel. Wir müssen deshalb in der Chronologie der Ereignisse noch einmal zur Mitte der siebziger Jahre des vergangenen Jahrhunderts zurückkehren.

Marsroboter als Geburtstagsgeschenk

Lange blieb es der Sowjetunion vorbehalten, spektakuläre Weltraumunternehmungen mit Gedenktagen ihrer Geschichte wie der russischen Oktoberrevolution zu verbinden. 1976 hatten auch die USA Grund, an ein bedeutendes Ereignis ihrer Vergangenheit zu erinnern und diesen Tag mit einer kosmischen Premiere zu feiern: Im Juli 1976 jährte sich zum 200. Mal der Tag, an dem der Kongreß die Unabhängigkeit der Vereinigten Staaten erklärt hatte.

Was von Wissenschaftlern und Technikern schon lange vorher geplant war, sollte nun in die Tat umgesetzt werden: ein Zwillingsflug zum Mars und die Landung zweier Laboratorien, die die Ergebnisse früherer Exkursionen zum roten Planeten ergänzen und vertiefen sollten. Es war jedoch nicht allein dieser Gedenktag, der sich für eine Marserkundung anbot. Hinzu kam, daß die Konstellation Erde-Mars, die auf unterschiedlichen Bahnen die Sonne umrunden, um die Mitte der siebziger Jahre für ein solches Unternehmen günstig war. So erfolgten die Starts der beiden Sonden, denen man den Namen Viking gab, am 20. August bzw. am 9. September 1975. Die 3,4 t schweren Geräte bestanden aus je zwei Teilen, dem Orbiter, der den Planeten umrunden und dem Lander, der weich auf ihm landen sollte.

Auf den Fotos, die bei früheren Marsflügen entstanden waren, hatte man Landeplätze ausgesucht, die sich jedoch bei erneuter Erkundung als nicht geeignet erwiesen. Durch die Suche nach neuen Regionen verschoben sich die Landetermine und man mußte den Gedenktag am 4. Juli 1976 verstreichen lassen, um das Unternehmen nicht zu gefährden. Viking 1 erreichte die Marsoberfläche schließlich am 20. Juli, ein Datum, das man in Erinnerung an ein anderes Ereignis gerne als Alternative betrachtete, denn sieben Jahre zuvor hatten zum erstenmal zwei Amerikaner den Mond betreten.

Die Landeanflüge – Viking 2 erreichte sein Ziel am 3. September – mußten weitgehend automatisch erfolgen, denn Funksignale benötigten für die mehr als 340 Mio. km lange Distanz zwischen Erde und Instrumententrägern etwa 20 Minuten. Die Trennung vom Orbiter und der Abstieg wurden in einer Höhe von 18 000 km eingeleitet. Drei Stunden später tauchten die Geräte in die Marsatmosphäre ein, wo sie von 4600 m auf 300 m pro Sekunde abgebremst wurden. Die Fallschirme öffneten sich in 6000 m Höhe. Dadurch wurde die Sinkgeschwindigkeit weiter reduziert, bis in der letzten Phase die Triebwerke eine weiche Landung ermöglichten.

Die Frage, die die Planetenforscher besonders interessierte und auf die sie eine Antwort erwarteten, kann in dem einen Satz zusammengefaßt werden: Gibt oder gab es auf unserem Nachbarplaneten Wasser, und konnte sich dort organisches Leben entwickeln? Neben zwei Fernsehkameras, einem Spektrometer für die Analyse der Marsatmosphäre und des Oberflächenmaterials, einem Windmesser und einem Seismometer, enthielten die Labors jeweils biologische Experimente, die die entscheidenden

Fragen beantworten sollten. Zwar gab es eine Anzahl neuer Erkenntnisse, vor allem über die Chemie unseres kosmischen Nachbarn, und Ergebnisse, die in der Fachwelt lange diskutiert wurden, aber ob es auf dem Mars Leben gibt oder gab, blieb weiter ein Rätsel.

Die Viking-Missionen dürfen dennoch als herausragende Erfolge gefeiert werden, wobei die mehr als 50 000 Fotos nicht vergessen werden sollten, die die Orbiter zur Erde geschickt haben. Aus einer Höhe von 1500 km nahmen sie Gebiete mit einer Seitenlänge von 80 x 80 km auf, die Auflösung betrug 40 m.

Marathon im Weltraum

Zuweilen wird die Phantasie von Science fiction-Autoren von der Wirklichkeit überholt. Es gibt dafür kaum ein besseres Beispiel als jene beiden amerikanischen Planetensonden, denen man den zutreffenden Namen Voyager (der Reisende) gab. Sie sind zugleich herausragende Beispiele für die inzwischen erreichte Perfektion der Raumfahrttechnik.

Ihre Flüge zu den äußeren Planeten unseres Sonnensystems waren durch die beiden Sonden Pioneer 10 und 11 vorbereitet worden, denen es als erste Raumflugkörper gelang, durch das Trümmerfeld des Asteroidengürtels zwischen den Bahnen des Mars und des Jupiters zu fliegen und bis zum Saturn vorzudringen.

Beide Planeten sind längst zu bevorzugten Beobachtungsobjekten für Fachleute wie auch für Amateurastronomen geworden. Trotz der technischen Vervollkommnung, die inzwischen unsere Teleskope erreicht haben, stoßen sie bei diesen beiden Himmelskörpern an Grenzen, die bei der Erkundung von der Erde aus nicht überwunden werden können. Das gilt in noch stärkerem Maße von Uranus und Neptun. Darum lag es für Astronomen und Astrophysiker nahe, die noch junge Weltraumtechnik für einen Besuch bei diesen äußeren Planeten zu nutzen. Allerdings drängte die Zeit für einen solchen Himmelsmarathon, weil für die zweite Hälfte der siebziger Jahre eine günstige Konstellation bevorstand, die nur etwa alle 175 Jahre wiederkehrt.

Ähnlich wie bei Viking entwickelte man auch für dieses Unternehmen zwei baugleiche Sonden mit einer Masse von je 820 kg. Die etwas spöttisch als riesige Salatschüsseln bezeichneten Geräte mit einem Durchmesser von 3,6 m und weit ausladenden Instrumententrägern und Antennen waren Neukonstruktionen, bei denen man nur bedingt auf Erfahrungen früherer Missionen zurückgreifen konnte. Das gilt für die Wärmeisolierung, die Datenübertragung und Bordcomputer ebenso wie für die Fernsehkameras, die nukleare Stromversorgung und die gegen Strahlung abgeschirmte Elektronik.

Am 20. August 1977 wurde zunächst Voyager 2 gestartet, die Schwestersonde Voyager 1 folgte 15 Tage später. Für sie war eine kürzere Route zum Jupiter vorgesehen, so daß ihre Ergebnisse für die Nachfolgerin genutzt werden konnten. Welches technische Abenteuer und Risiko die Flüge der beiden Sonden bedeuteten, wird verständlich, wenn man am Beispiel von Voyager 2 den Zeitplan der insgesamt 12jährigen Reise in Erinnerung ruft:

20. August 1977:	Start auf Cape Canaveral
9. Juli 1979:	Ankunft bei Jupiter
25. August 1981:	Saturn-Passage
24. Januar 1986:	Begegnung mit Uranus
24. August 1989:	Ankunft bei Neptun

Was mit den Pioneer-Sonden zum erstenmal versucht worden war, wurde nun mehrfach mit Erfolg angewandt: die Swingby-Technik, bei der die Massenanziehung der Himmelskörper ausgenutzt wird, um einen Raumflugkörper erneut zu beschleunigen und ihn zugleich auf einen neuen Kurs zu lenken. Die Techniker des Jet Propulsion Laboratory im kalifornischen Pasadena vollbrachten dabei eine Leistung, die mit Recht Bewunderung hervorrief, nicht zuletzt, weil es gelang, einige Pannen wie den Ausfall von Radioempfängern und eine Blockade des Kamerasystems zu beheben. Am Ende seiner Reise von sieben Md. km war Voyager 2 nur 32 km vom Kurs abgekommen, seine Verspätung am Ziel betrug nicht einmal zwei Sekunden.

Entscheidend aber und voller Überraschungen waren die Ergebnisse, die die übergroße Zahl von Daten und Zehntausende von Aufnahmen aus den Tiefen unseres Sonnensystems ergaben. Für den Empfang der zuletzt nur noch schwachen Signale, die bis zur Erde mehr als vier Stunden benötigten, mußte man am Ende Radioteleskope einsetzen. Sie haben das Bild, das wir bis zu diesem Zeitpunkt von den äußeren Planeten und ihren Monden hatten, erheblich verändert. Neu war die Beobachtung, daß auch Jupiter Ringe hat. Auf seinem Mond Io entdeckte man mehrere aktive Vulkane, und Überraschungen brachten die Bilder, die die Oberflächenstrukturen der drei anderen großen Jupitermonde zeigten. Das Ringsystem des Saturn war nicht, wie man bisher annahm, vierfach unterteilt, sondern erheblich differenzierter. Es ähnelte den zahlreichen Rillen einer Schallplatte. Außerdem konnte man in seiner Nähe zwei bisher unbekannte Monde registrieren. Sein größter Trabant Titan hat eine Atmosphäre, ebenfalls eine neue Erkenntnis, die zu mancherlei Spekulationen Anlaß gab. Bei Uranus, der in einer Entfernung von 80 000 km überflogen wurde, zählte man zehn weitere Monde. Neptun schließlich, dessen oberer Wolkenschicht Voyager 2 sich bis auf 5000 km näherte, zeigte wegen seiner turbulenten Atmosphäre und einem großen Fleck Ähnlichkeit mit Jupiter.

Wenn die beiden Reisenden unser Sonnensystem verlassen, werden sie als „Weltraumpensionäre" in die Unendlichkeit des Kosmos eintauchen und nach Jahrtausenden die Bahnen anderer Himmelskörper kreuzen. Für den Fall, daß sie dann irgendwo intelligente Lebewesen treffen, haben findige Exobiologen ihnen je eine Schall- und Bildplatte sowie entsprechende Abspielgeräte mit auf den Weg gegeben. Wenn sie deren Betriebsanleitung entziffern können, erfahren die Außerirdischen einiges über das Leben auf unserer Erde, zum Beispiel, welche Geräusche ein Vulkanausbruch und eine Schiffssirene verursachen, sie hören Musik von Beethoven und sehen Bilder von Kindern und Schimpansen, Landschaften und einem Supermarkt. Außerdem gibt es Grüße in 55 Sprachen, darunter auch in Deutsch. Wer hofft, auf diese kosmische Flaschenpost je eine Antwort zu erhalten, wird allerdings vergebens warten.

In Memoriam Galileo Galilei

„Ich weiß nicht, was ich dazu sagen soll, so unerwartet und neuartig ist das alles." So soll sich der italienische Astronom Galileo Galilei geäußert haben, als er vor fast 400 Jahren sein bescheidenes Fernrohr auf den Himmel richtete und jene vier Monde entdeckte, die den Jupiter umkreisen: Io, Europa, Kallisto, benannt nach den Gespielinnen des Götterkönigs, und Ganymed, in der griechischen Mythologie der Mundschenk des Olymp. So lag es nahe, daß die Namensgeber sich an den Entdecker der Jupitertrabanten erinnerten, als sie einer Sonde, die den Riesenplaneten und seine Umgebung erkunden sollte, den Namen Galileo gaben. Mit ihrer Hilfe wollte man die Ergebnisse ihrer Vorgänger Pioneer und Voyager ergänzen und die vier großen Monde näher in Augenschein nehmen, als es bisher möglich war.

1977 wurde zwischen dem Chef der NASA und dem deutschen Forschungsminister vereinbart, dieses Unternehmen zu einem amerikanisch-deutschen Gemeinschaftsprojekt zu machen. Die Daimler-Benz Aerospace lieferte die Antriebssysteme. Ebenfalls aus Deutschland kam ein Teil der wissenschaftlichen Geräte, und an den Experimenten waren Max-Planck-Institute ebenso beteiligt wie deutsche Universitäten.

Der Start, der ursprünglich für Anfang 1982 vorgesehen war, verzögerte sich durch widrige Umstände um mehr als sieben Jahre. Als er endlich im Oktober 1989 erfolgte, nutzte man zum erstenmal für ein Weltraumunternehmen dieser Art den wiederverwendbaren Space Shuttle und nicht mehr eine herkömmliche Rakete. Aus der Ladebucht des Raumtransporters Atlantis wurde Galileo mit Hilfe einer kleinen Antriebsstufe auf den Weg Richtung Jupiter gebracht. Die bei früheren Planetenflügen bewährte Methode des swing-by sorgte für zusätzlichen Schub, als das Raumschiff sich der Venus und zweimal der Erde näherte. Dadurch verlängerte sich allerdings die Flugdauer von zwei einhalb auf sechs Jahre. Die Strecke betrug vier Md. km, das ist 10 000mal die Entfernung Erde-Mond.

Auch dieses Unternehmen litt unter einer Panne, die das ganze Projekt beinahe zum Scheitern verurteilt hätte. Als man von der

Bodenkontrollstation in Kalifornien den Funkbefehl zum Öffnen der bis dahin zusammengefalteten Hauptantenne gab, versagte der Mechanismus und die Fachleute befürchteten, daß damit die Übertragung der Daten und Aufnahmen zur Erde unmöglich würde. Es gelang jedoch, auf eine kleinere Antenne auszuweichen, wodurch allerdings die Übertragungsgeschwindigkeit erheblich reduziert wurde.

Mit der 2,2 t schweren Galileo wollte man zwei Ziele erreichen. Ein Orbiter als Hauptgerät sollte den Jupiter umkreisen und sich bis auf ca. 200 km seinen vier großen Monden nähern, was für die Aufnahmen eine Auflösung von wenigen Metern bedeutet, während es die Aufgabe einer 340 kg schweren Sonde war, sich vom Raumschiff zu trennen, um in die Jupiteratmosphäre einzutauchen. Beide Ziele waren hochgesteckt. Daß sie erreicht wurden, zeigte einmal mehr, welchen Standard dieser Bereich der Raumfahrttechnik inzwischen entwickelt hatte.

Auf dem Weg zum Riesenplaneten entstanden zusätzlich Aufnahmen der Asteroiden Gaspra und Ida, die mit unzähligen anderen himmlischen Brocken den bereits erwähnten Gürtel zwischen den Bahnen von Mars und Jupiter bilden. Ein außergewöhnliches astronomisches Ereignis, das nicht vorhergesehen werden konnte, war im Juli 1994 der Einschlag von Trümmern des Kometen Shoemaker-Levy auf Jupiter, was von Galileo, wenn auch aus respektabler Entfernung, beobachtet werden konnte. Etwa sechs Monate vor der Ankunft beim Riesenplaneten begann dann der Soloflug der Sonde, dessen letzte Phase deshalb mit Spannung erwartet wurde, weil nie zuvor ein Instrumententräger in die Jupiteratmosphäre eingetaucht ist. Bei der Annäherung reduzierte sich die Geschwindigkeit von 50 km auf 300 m pro Sekunde. Durch die Reibung stieg die Temperatur an der Außenhaut der Sonde auf 16 000 Grad Celsius. Trotzdem gelang es, dem gasförmigen Himmelskörper, dessen Oberfläche von dichten Wolken verdeckt wird und in dessen Atmosphäre aus Wasserstoff und Helium gewaltige Stürme toben, wieder einige seiner Geheimnisse zu entlocken. Nach einer Stunde endete, wie erwartet, dieser Erkundungsflug, weil die Sonde durch den starken Atmosphärendruck zerstört wurde.

Bedeutend länger als ursprünglich geplant, konnte sich schließlich der Orbiter seiner Aufgabe widmen. Seine Aufnahmen und Daten der Jupitertrabanten, die den Planeten in Abständen zwischen 400 000 und 1,9 Mio. km umrunden, werden die Astronomen in aller Welt noch etliche Zeit beschäftigen. Daß es auf Io aktive Vulkane gibt, hatte man schon durch eine Voyager-Sonde festgestellt, jetzt aber war es möglich, detaillierte Aussagen über ihre Lage, ihre Größe und die Stärke ihrer Eruptionen zu machen. Mit mehr als 100 Vulkanen ist er der aktivste Mond im Sonnensystem. Seine ungewöhnliche Aktivität ist nicht zuletzt darauf zurückzuführen, daß die durch Jupiter verursachten Gezeitenkräfte die Oberfläche des Mondes heben und senken und dadurch sein Inneres bei hohen Temperaturen halten. Europa, dessen Oberfläche einander kreuzende Gräben kennzeichnen und Ganymed, der sehr unterschiedliche Strukturen aufweist, sind von Eiskrusten, deren Dicke mehrere hundert km beträgt, bedeckt. Kallisto schließlich ähnelt mit seinen Gebirgen und Einschlagkratern stellenweise dem Erdmond.

Neben den Bildern der galileischen Monde konnte der Orbiter auch Aufnahmen der vier inneren Trabanten des Jupiter machen. Mit Recht kann heute behauptet werden, daß dieser Planet mit seinen 16 Begleitern eine Miniaturausgabe unseres Sonnensystems darstellt.

Ein Minirover auf dem Mars

Seit den Tagen der Apollo-Flüge hat kein Weltraumprojekt die Menschen wieder so in seinen Bann gezogen wie das Unternehmen Mars Pathfinder. 21 Jahre nach den Viking-Missionen wurde noch einmal unser Nachbarplanet das Ziel einer Raumfahrtexpedition, die mit dem verhältnismäßig geringen Kostenaufwand von 170 Mio. Dollar einen großen Ertrag brachte (die Viking-Missionen hatten noch ein mehrfaches dieser Summe verschlungen). Nach siebenmonatigem Flug gelang die Landung diesmal pünktlich am 4. Juli 1997 zum amerikanischen Unabhängigkeitstag.

Als Zielgebiet hatten die Wissenschaftler das Ares Vallis ausgewählt, ein ehemaliges Flußbett in der Nähe einiger Berge, weil man sich durch eine Untersuchung dieser Region neue Aufschlüsse über die Marsgeschichte versprach. Originell und bisher ohne Beispiel war die Idee, die Sonde bei der Landung durch vier große Airbags abzubremsen. So sprang der Instrumententräger nach seinem Aufschlag wie ein Tennisball noch einmal 15 m in die Höhe und rollte anschließend über das Gelände, bis er endlich seine Position gefunden hatte. Als der Pfadfinder dann die ersten Signale zur 190 Mio. km entfernten Erde sendete, jubelte und klatschte die Mannschaft im kalifornischen Jet Propulsion Laboratory, als sei die erste bemannte Marslandung geglückt. Fachleute wie Laien in aller Welt verfolgten in Fernsehberichten und per Internet, was anschließend geschah: Über eine Rampe rollte der Minirover Sojourner auf die von Steinen übersäte Oberfläche des Planeten. Er wog nicht mehr als 11 kg, hatte die Ausmaße von 60 x 50 x 30 cm und war mit Instrumenten und Fernsehkameras bestückt. Für die Energie sorgten Solarzellen auf seiner Oberseite. Aus dem Kontrollzentrum ferngesteuert, bewegte sich das sechsrädrige Gefährt mit einer Maximalgeschwindigkeit von 60 cm pro Stunde über das Geröllfeld seiner nächsten Umgebung. Da die Funksignale zwischen Erde und Sojourner zehn Minuten benötigten, sorgte zusätzlich ein mitgebrachter Steuerungscomputer zur Erkennung von Hindernissen und Alternativstrecken. Mit der Begeisterung, die auch nüchterne Wissenschaftler befällt, wenn sie Neuland entdecken, gaben sie den Steinen, die ihnen die Roverkamera zeigte, auch sofort entsprechende Namen: Hedgehog (Igel), Hippo (Nilpferd), Couch und Yogi in Anlehnung an den Comic-Bären.

Anteil am Erfolg dieser Planetenerkundung konnten erneut wie bei Galileo auch deutsche Wissenschaftler verbuchen. Die Panoramakamera, die von einem Mast der Landeplattform – man hatte ihr in Erinnerung an den kurz zuvor gestorbenen Astronomen den Namen Carl Sagan-Station gegeben – ihre Aufnahmen zur Erde schickte, stammte vom Max-Planck-Institut für Aeronomie, das schon bei der Erforschung des Kometen Halley erfolgreich war. Und für das Spektrometer des Rovers, mit dem das Marsgestein analysiert wurde, war das Max-Planck-Institut für Chemie in Mainz verantwortlich.

Als der Marsherbst mit Temperaturen von minus 50 Grad begann, ging das Unternehmen Pfadfinder nach vier Monaten zu Ende. Immerhin hatten sowohl das Landemodul als auch der Rover länger gearbeitet, als man erwarten konnte. Die Ergebnisse wurden von Fachleuten als „unbeschreiblicher Erfolg" bewertet. Die Instrumente der Station ermittelten Informationen über das Wetter auf dem Mars, über Temperatur, Wind und Druck. Sojourner gab Auskunft über die Chemie seiner Oberfläche und die Zusammensetzung des Gerölls. Das Vorkommen von Silikatgesteinen, Quarz und Feldspat bestätigte frühere Hypothesen, die Ähnlichkeiten zwischen unserer Erde und ihrem Nachbarn vermutet hatten. Mit der Auswertung tausender Fotos, von denen mehr als 500 von den Kameras des Rovers stammen, sind weitere Erkenntnisse zu erwarten, die nicht zuletzt der Vorbereitung eines bemannten Marsflugs zustatten kommen.

Nach dem Erfolg dieses Unternehmens ist das Mißgeschick zweier weiterer Marsroboter um so bedauerlicher, das 1999 zu harten Konsequenzen für die amerikanische Weltraumbehörde führte. Durch einen Navigationsfehler ist ein Orbiter, der weitere Aufschlüsse über die klimatischen Verhältnisse des roten Planeten geben sollte, vermutlich abgestürzt und auf seiner Oberfläche zerschellt. Wenige Wochen später brach die Verbindung zu einer Sonde ab, die nach Wasser auf dem Mars suchen sollte. Daraufhin sah sich die NASA auch aus Kostengründen gezwungen, den für 2001 vorgesehenen Start einer weiteren Marssonde zu streichen. Erst 2003 will sie einen neuen Versuch unternehmen – nicht zuletzt, weil dann die Konstellation Erde-Mars besonders günstig ist. Eine Weiterentwicklung des Roboterfahrzeugs Sojourner soll dann 90 Tage lang je 100 m zurücklegen und Aufnahmen zur Erde senden.

Ob Viking oder Voyager, Galileo oder Pathfinder – ihre Erkundungsflüge durch unser Sonnensystem gehören zu den interessantesten und wissenschaftlich ertragreichsten Unternehmungen der Raumfahrtgeschichte, die sich hinter den spektakulären Apollo-Flügen zum Mond keineswegs zu verstecken brauchen. Dennoch bleibt es ein Unterschied, ob Menschen oder ferngesteuerte Roboter Neuland im Kosmos betreten.

13. Pendelverkehr zwischen Erde und Weltraum

Abgesehen von den seltenen und nicht immer geglückten Salut-Flügen der Sowjets war es still geworden um die bemannte Raumfahrt. Nach langer Pause konnte man erst in den achtziger Jahren im Westen wie im Osten die Ergebnisse neuer Entwicklungen auf diesem Gebiet präsentieren, wobei die beiden Weltraummächte unterschiedliche technische Lösungen entwickelt hatten. Während die UdSSR ihren alten Traum einer Raumstation verwirklichte, galt das Interesse der USA zunächst einem wiederverwendbaren Transportsystem, das den Weg in den Weltraum wirtschaftlicher gestalten sollte, als es mit den herkömmlichen „Wegwerfraketen" möglich war.

Der amerikanische Raumtransporter

Für jeden Raumfahrtingenieur mußte es inzwischen ein Ärgernis sein, daß man für den Transport von Nutzlasten in den Erdorbit immer größere Raketen baute, deren zum Teil riesige Stufen nur einmal verwendet werden konnten. Der Beschluß der USA, einen Raumtransporter (Space Shuttle) zu entwickeln, der wie eine Rakete startet und einem Flugzeug ähnlich zur Erde zurückkehrt, wurde schon 1972 noch während des Apollo-Programms gefaßt. Erste Pläne gehen jedoch auf die dreißiger Jahre und den 1905 in Böhmen geborenen genialen Raumfahrtpionier Eugen Sänger zurück.

Bei den frühen amerikanischen Entwürfen stellte sich sehr schnell heraus, daß ein voll wiederverwendbares System kostenaufwendig und damit unwirtschaftlich wäre. Deshalb ging man notgedrungen einen Kompromiß ein und entwickelte für die Operation im Weltraum einen flugzeugähnlichen Orbiter, dessen Triebwerke durch einen Zusatztank gespeist werden und der als Starthilfen außerdem zwei Feststoffraketen erhält. Der externe Tank, der 600 t flüssigen Sauerstoff und 100 t flüssigen Wasserstoff faßt, wird nach Brennschluß vom Orbiter getrennt und verglüht in der Atmosphäre, während die beiden Booster an

Fallschirmen zur Erde zurückkehren und zur weiteren Verwendung geborgen werden. Das gesamte System hat eine Länge von 55 m und eine Startmasse von 2040 t. Die 18 m lange Nutzladebucht des Orbiters faßt 30 t.

Der Space Shuttle ist für eine Besatzung von sieben Mann ausgelegt. Die Piloten müssen ein Studium der Natur- oder Ingenieurwissenschaften abgeschlossen und wenigstens 1000 Flugstunden absolviert haben. Die begleitenden Missions- und Nutzlastspezialisten sind Physiker oder Biologen, die zusätzlich Kenntnisse in Astronomie, Meteorologie und Navigation erwerben.

Zur Vorbereitung des regulären Programms wurden im Herbst 1977 zunächst fünf Testflüge unternommen. Dabei brachte eine Boeing 747 im „Huckepack" den Orbiter in eine Höhe von ca. 7000 m, von wo er im Gleitflug zur Erde zurückkehrte und auf der Edwards-Luftwaffenbasis landete. Der erste 24stündige Flug in den Orbit wurde am 12. April 1981 gestartet, nachdem der Countdown zwei Tage vorher wieder abgebrochen werden mußte. Weitere drei Erprobungen erfolgten bis Sommer 1982 mit jeweils nur zwei Astronauten, bevor der erste Arbeitsflug unternommen wurde. Für einen regulären Pendelverkehr baute die NASA vier Raumtransporter, deren Namen Columbia, Challenger, Discovery und Atlantis an die Zeit früherer Segelschiffen erinnern. Aufgabe war es zunächst, anstelle herkömmlicher Raketen Satelliten auf Erdumlaufbahnen in Höhen von 300 bis 600 km zu bringen. Darüber hinaus aber kam es darauf an, beschädigte Raumflugkörper einzufangen, ihre Mängel im Orbit zu beheben oder sie zur Wiederherstellung zur Erde zu bringen, ein zweckmäßiges Vorhaben, wenn man bedenkt, daß mancher Instrumententräger in der Vergangenheit nur deshalb verloren ging, weil ein vielleicht kleines Bauteil versagte und das gesamte kostenaufwendige Gerät funktionsunfähig machte. Diese Arbeiten erforderten oft den Ausstieg eines oder mehrerer Astronauten, die sich je nach Erfordernis mehrere Stunden im freien Weltraum aufhielten. Wissenschaftliche Experimente blieben im wesentlichen dem von der ESA entwickelten und gebauten Weltraumlabor (Spacelab) vorbehalten, über das in einem eigenen Kapitel zu berichten ist.

Dem sowjetischen Beispiel folgend nahmen auch die Amerikaner nun zum erstenmal Raumfahrer befreundeter Nationen mit an Bord. Den Anfang machte der Deutsche Dr. Ulf Merbold, dem u. a. ein Kanadier, ein Franzose, ein Mexikaner, ein saudischer Prinz und zwei US-Senatoren folgten. Inzwischen gehören auch Astronautinnen als Nutzlastspezialistinnen und Pilotinnen zu den Besatzungen.

Als der Raumtransporter Challenger mit der Flugnummer STS 25 (Space Transport System 25) am 28. Januar 1986 auf der Startrampe von Cape Canaveral stand, schien für Fachleute wie für Laien der Betrieb des Shuttle zur Routine geworden zu sein. Niemand ahnte, daß dieser Tag mit der größten Katastrophe der amerikanischen Raumfahrt enden würde. Die Besucher auf der Zuschauertribüne konnten auch nach einer Schrecksekunde nicht begreifen, daß bei diesem Jubiläumsflug 72 Sekunden nach dem Start der große Tank explodiert war und in einer riesigen Wolke Trümmerstücke zur Erde zurückfielen. Für die sieben Menschen an Bord, zu denen auch die amerikanische Lehrerin Christa McAuliffe gehörte, die Unterrichtsstunden aus dem Weltraum übertragen wollte, gab es keine Rettung. Intensive Untersuchungen belegten, daß eine der Feststoffraketen eine undichte Stelle aufwies und der dabei austretende Strahl den Tank aufgeritzt hatte, in dem sich die siebenhundert Tonnen Sauerstoff und Wasserstoff entzündeten.

Die Katastrophe erforderte eine Unterbrechung des Programms von 20 Monaten. Außerdem wurde entschieden, kommerzielle Nutzlasten in Zukunft wieder mit herkömmlichen Raketen in den Weltraum zu bringen. Es konnte nicht ausbleiben, daß das Challenger-Unglück zunehmend Kritiker auf den Plan rief, die an die häufigen Pannen und Startverzögerungen auch bei anderen Flügen erinnerten. Erst wenige Wochen zuvor mußte ein Start der Columbia siebenmal verschoben werden, was auch deshalb peinlich war, weil sich der US-Senator Bill Nelson an Bord befand.

Die Starts, die ursprünglich in kurzen Abständen erfolgen sollten, fanden wegen der notwendigen Wartungsarbeiten nach der Rückkehr oft erst nach Monaten statt. Auch die Hoffnung auf eine Nutzung durch die Industrie erfüllte sich nur unzureichend, so daß der ökonomische Nutzen nicht den Erwartungen entsprach.

Trotzdem wäre es falsch, das Shuttle-Programm in Bausch und Bogen als eine technische Fehlentwicklung zu verurteilen. Es wäre kaum möglich gewesen, ein Gerät wie das Hubble-Weltraumteleskop in den Kosmos zu bringen und es dort zu reparieren und zu warten, wie es bereits mehrfach mit Hilfe des Raumtransporters geschah. Die Aufnahmen dieses Fernrohrs, die jenseits der störenden Erdatmosphäre entstehen, haben den Blick der Astronomen auf ferne Galaxien in einem Maße erweitert, wie man es noch vor wenigen Jahren nicht für möglich gehalten hat. Auch die neue Kartierung unseres Planeten und die große Zahl dreidimensionaler Bilder, die mit Hilfe eines neuartigen Radarsystems beim Flug der Endeavour im Februar 2000 entstanden – an Bord befand sich auch der deutsche Wissenschaftsastronaut Dr. Gerhard Thiele – wären auf andere Weise kaum zu Stande gekommen. Dagegen ist der Shuttle-Flug des ersten amerikanischen Raumfahrers John Glenn, der im Oktober 1998, fast 37 Jahre nach seiner Weltraumpremiere, einige Tage die Erde umrunden durfte, eher als eine Kuriosität zu werten. Immerhin gelang es dem inzwischen 77jährigen zu beweisen, daß auch Großväter sich noch für einen Trip in den Kosmos eignen.

Spacelab, Europas Weltraumlabor

Die in der europäischen Weltraumorganisation ESRO zusammengeschlossenen Staaten wollten sich nach ihren ersten Erfolgen nicht auf Bau und Betrieb von Satelliten und Sonden beschränken. Ähnlich den Großmächten in West und Ost hofften sie, wenn auch in bescheidenerem Maße, bemannte Flüge mit eigenen Astronauten unternehmen zu können. Federführend war bei solchen Plänen die Bundesrepublik Deutschland. Daß die Europäer jedoch nur in Kooperation mit den USA erfolgreich sein konnten, stand aus technischen und ökonomischen Gründen für die Planer ebenso außer Frage wie für die politischen Entscheidungsträger. Als eine der Schwierigkeiten stellte sich dabei heraus, daß die Amerikaner gegenüber europäischen Produkten auf dem Gebiet der Weltraumtechnik wegen der weitaus geringeren Erfahrung äußerst skeptisch waren.

Ende 1972 – in den USA ging gerade das Apollo-Programm zu Ende – beschlossen die zuständigen Minister dem Vorschlag der Experten folgend ein Weltraumlabor zu planen und zu bauen, das in der Nutzlastbucht des amerikanischen Space Shuttle untergebracht und für verschiedenartige Experimente genutzt werden konnte. Der Vertrag zwischen ESRO und NASA wurde im August 1973 unterzeichnet.

Da die Bundesrepublik bereit war, mehr als die Hälfte der Kosten zu übernehmen, erhielt sie schließlich auch den Zuschlag für die Projektleitung und die Montage. So wurde Bremen mit dem Firmenverbund MBB-ERNO für einige Jahre zum zentralen Arbeitsplatz europäischer Weltraumingenieure. Ein halbes hundert Produzenten aus zehn Ländern lieferte Bauteile, die man an der Weser zum ehrgeizigsten Projekt der europäischen Raumfahrt integrierte. Gleichzeitig begann die Auswahl und das Training der Raumfahrer, die als Wissenschaftsastronauten die Experimente im Labor übernehmen und damit die Arbeiten amerikanischer und sowjetischer Kollegen in der Schwerelosigkeit und im Hochvakuum fortsetzen und ergänzen sollten. Entsprechend sah die Planung eine Kombination von geschlossenem Labor, das sich für medizinische Versuche, sowie für biologische und materialwissenschaftliche Experimente eignet, und von offenen Paletten für Erdbeobachtung und astronomische Forschungen vor.

Beim ersten Arbeitseinsatz war Ende 1983 als einziger westdeutscher Wissenschaftsastronaut der Physiker Ulf Merbold an Bord. Während seines 12tägigen Flugs gelang es ihm, mit seinen amerikanischen Kollegen 72 Experimente durchzuführen, nach Meinung der Fachleute eine beachtliche Bilanz, die man als eine gute Voraussetzung für das geplante Unternehmen D1 ansah, das knapp zwei Jahre später begann und, soweit die Arbeiten im Labor betroffen waren, unter deutscher Leitung stand. Nutzlastspezialisten waren diesmal die deutschen Physiker Reinhard Furrer und Ernst Messerschmid sowie der ESA-Astronaut Wubbo

Ockels aus den Niederlanden. Als Transporter wurde mit der Nummer STS 22 der Shuttle Challenger eingesetzt, der wenige Wochen später – wie bereits berichtet – verunglückte. Die Flughöhe betrug 324 km mit einer Bahnneigung von 57°. Bei guten Sichtbedingungen war er bei Überfliegen der Bundesrepublik mit bloßem Auge zu beobachten. Die Kosten des Projekts betrugen 402 Mio. DM und blieben damit fast genau im Rahmen der Planung. Den Hauptanteil machten die Startgebühren mit 42 % aus, gefolgt von den Kosten, die für die Entwicklung der Nutzlastelemente entstanden. Vorgesehen waren 75 Experimente, von denen nur zwei wegen technischer Schwierigkeiten entfielen. Gesteuert und überwacht wurde das wissenschaftliche Programm vom Bodenkontrollzentrum der DLR in Oberpfaffenhofen bei München, das heißt, dorthin wurden die Daten übertragen, damit die Experten, die die Experimente vorgeschlagen hatten, im Dialog mit den Wissenschaftsastronauten Wünsche äußern und Hinweise geben konnten.

Fast alle Experimente dienten dem Ziel, Auswirkungen der Schwerelosigkeit, die in Erdnähe nur für ca. 25 Sekunden bei Parabelflügen erreicht wird, zu untersuchen und zwar auf den Gebieten Fluidphysik, Materialforschung, Biologie und Medizin. Unter Schwerelosigkeit gibt es weder Auftrieb noch Sedimentation. Die Folge ist, daß etwa in einem Glas mit Mineralwasser oder Sekt die Kohlensäurebläschen nicht nach oben steigen, während in einem Behälter mit Fruchtsaft sich Bestandteile nicht am Boden absetzen. Es gibt auch keine Konvektion und keinen hydrostatischen Druck, was dazu führt, daß Flüssigkeiten Kugelgestalt annehmen und kein Gefäß benötigen. Für den Laien mögen diese Phänomene auf den ersten Blick eher kurios und für die Anwendung auf der Erde belanglos scheinen. Bei der Herstellung neuer Materialien wie Halbleiter für Chips, Gläser und Medikamente eröffnen sie nach Meinung vieler Fachleute jedoch interessante und nützliche Perspektiven. Mit dem Einsatz eines schlittenähnlichen Geräts wurden die Astronauten selbst zu „Versuchskaninchen", als es darauf ankam, bei linearer Beschleunigung den menschlichen Vestibularapparat – jenem Teil des Innenohrs, der dem Gleichgewichtssinn zugeordnet ist – unter den

Bedingungen der Mikrogravitation zu untersuchen. Die Ergebnisse sind nicht nur für die bemannte Raumfahrt selbst, sondern auch für die klinische Forschung von Interesse.

Die Arbeiten des D1-Flugs wurden im Frühjahr 1993 von den Wissenschaftsastronauten Hans Wilhelm Schlegel und Ulrich Walter mit einer weiteren Spacelab-Mission fortgesetzt. Sie mußten sich bei diesem zehntägigen Flug wie ihre amerikanischen Kollegen erneut als Ingenieure und Biologen, Mediziner und Mechaniker betätigen. Dabei stand diesmal die Rekordzahl von 92 Experimenten auf dem Programm.

So erfolgreich die Spacelab-Einsätze waren, sie können nicht darüber hinwegtäuschen, daß das ursprünglich vorgesehene Programm nicht nur erheblich verzögert, sondern auch nicht annähernd erfüllt werden konnte. In der Planungsphase war man so optimistisch anzunehmen, daß bei ca. 550 vorgesehenen Shuttle-Starts das europäische Labor mehr als 220mal in den Weltraum gebracht werden könnte. Am Ende waren es nur 22 Flüge, eine Enttäuschung für jene zahlreichen Mitarbeiter, die eine stärkere Teilnahme Europas an der bemannten Raumfahrt und ihren wissenschaftlichen Möglichkeiten erwartet hatten. Inzwischen ist Spacelab nach 15jähriger Dienstzeit, in der 149 Astronauten mehr als 700 Experimente ausgeführt haben, wieder an den Ort seiner Entstehung zurückgekehrt und auf dem Bremer Flughafen für Ingenieure und Wissenschaftler zugänglich.

Die russische Raumstation Mir

Daß Bau und Betrieb einer Raumstation in der Sowjetunion vor allen anderen Projekten Priorität hatten, bewies der Osten schon zu Beginn der siebziger Jahre, als er mit Salut eine erste kleine Version in die Erdumlaufbahn brachte. Diese Entwicklung fortzusetzen, war der Ehrgeiz der Sowjets, die dadurch zugleich den Erfolgen der Amerikaner, die sie durch die Mondflüge verbuchen konnten, ein Alternativkonzept entgegensetzten, von dem sie sich nachhaltigen Prestigegewinn versprachen. Die Idee war, eine Station in einer Höhe von 300 bis 400 km zu errichten, die wenigstens fünf Jahre lang von wechselnden Mannschaften ständig besetzt und nicht wie Spacelab nur für wenige Tage genutzt werden konnte.

Der Start eines Kernmoduls von 13 m Länge und einer Masse von 20 t erfolgte im Februar 1986 auf dem Kosmodrom Baikonur mit Hilfe einer Proton-Rakete. Es dauerte immerhin bis 1996, um die Station mit fünf weiteren Modulen zu bestücken und damit den Bau abzuschließen. Der Name dieses größten Objekts, das die Raumfahrt bisher in eine Umlaufbahn brachte, entsprach sowohl dem Zeitgeist als auch der russischen Mentalität: Mir (Friede). Für die angekoppelten Module, die im wesentlichen als Labors dienten, gab es die Bezeichnungen Kvant, Kristall, Spektr und Priroda. Den Transport zwischen Erde und Station besorgten die bewährten Sojus-Raumschiffe für die Mannschaften und Progreß-Kapseln für Material und Nachschub, die entweder am Basisblock oder am Modul Kvant anlegten. Die Gesamtlänge betrug damit 35 m bei einer Breite von 30 m und der Masse von 130 t.

Mehr als 30 Mannschaften haben sich in der Mir, die statt der geplanten fünf insgesamt 14 Jahre genutzt werden konnte, aufgehalten. Die Experimente ähnelten den Programmen, die Amerikaner und Europäer an Bord des Space Shuttle und vor allem des Spacelab durchführten, also Nutzung der Mikrogravitation für Versuche auf den Gebieten Medizin, Biologie und Materialwissenschaften sowie Erdbeobachtung und astrophysikalische Forschung. Dabei sah der typische Arbeitsablauf einer Besatzung wie folgt aus:

8.00 Uhr Aufstehen,
Sichtkontrolle der Station,
Morgentoilette,
9.00 bis 9.40 Uhr Frühstück,
anschließend Arbeit und Training,
14.00 bis 15.00 Uhr Mittagessen,
Fortsetzung der Arbeit und des Trainings sowie Teleübertragungen,
19.00 bis 20.00 Uhr Abendessen,

Vorbereitung des Arbeitsprogramms für den nächsten Tag,
21.30 bis 23.00 Uhr Freizeit,
23.00 bis 8.00 Schlafen.

Dieser Ablauf wurde unter besonderen Bedingungen geändert, u. a. wenn die Gefahr eines Meteoriteneinschlags bestand, was einen 24stündigen Wachdienst erforderte.

Wie sehr sich das Konkurrenzdenken änderte, das während der Zeit des kalten Krieges die Entwicklung der Raumfahrt gekennzeichnet hatte, zeigte sich in den neunziger Jahren, als die Mir-Station auch von amerikanischen und europäischen Raumfahrern besucht und genutzt wurde. Neunmal waren zwischen 1995 und 1998 US-Astronauten mit Raumfähren, die an einem eigens eingerichteten Verbindungsstück andockten, zu Gast. Neben Klaus Dieter Flade und Reinhold Ewald, die 1992 bzw. 1997 mit russischen Kollegen zur Mir-Besatzung gehörten, waren im Rahmen einer Zusammenarbeit zwischen der ESA und der für den Betrieb verantwortlichen Agentur RKA Ulf Merbold und Thomas Reiter, der dabei mit einem Aufenthalt von 179 Tagen einen deutschen Raumfahrerrekord aufstellte, ebenfalls an Bord. Für die russische Raumfahrt waren diese Gemeinschaftsflüge unter dem Druck zunehmender finanzieller Engpässe nicht zuletzt willkommene Gelegenheiten ihren Etat aufzubessern. Allein die NASA überwies für die Möglichkeit, sich auf diese Weise auch auf den Bau der Internationalen Raumstation vorzubereiten, ca. eine halbe Milliarde Dollar an die Kollegen im Osten. Als der Moskauer Raumfahrtetat 1997 etwa 1,1 Md. Mark betrug, konnten die Russen im selben Jahr für ihre Hilfestellung beim Start ausländischer Satelliten und für die Mitbenutzung der Mir etwa 850 Mio. Mark kassieren. Und entgegen der Absicht, das Ende der Station im Jahr 2000 einzuläuten und sie, in Teile zerlegt, kontrolliert abstürzen zu lassen, gab es eine „Lebensverlängerung", weil ein amerikanischer Investor sich zu einer Finanzspritze entschloß.

Es darf angenommen werden, daß die Einschränkungen, denen die russische Raumfahrt in den neunziger Jahren unterlag, nicht unwesentlich zum Katalog der Mir-Pannen beigetragen haben, die immer wieder Schlagzeilen machten. Manche beschwören schon eine unabwendbare Katastrophe, als Ende Juni 1997 bei dem manuell ausgeführten Andockmanöver einer Progreß-Kapsel nicht nur eine der Solarzellenflächen beschädigt, sondern auch das Forschungsmodul Spektr gerammt wurde. Das dadurch entstandene Leck zwang die Besatzung, die Luke an der Verbindungsstelle zur Basisstation zu schließen, weil sonst die Luft entwichen und die Besatzung in höchste Not geraten wäre. Wenige Monate zuvor hatte es eine nicht weniger kritische Situation gegeben, als an Bord ein Brand ausbrach, den die Mannschaft, zu der auch Reinhold Ewald gehörte, jedoch schnell löschen konnte.

Rückschauend läßt sich nicht übersehen, daß das Mir-Programm trotz vieler Erfolge ebenso wie die Spacelab-Unternehmungen hinter den Erwartungen zurückbleiben mußte, die man ursprünglich darein gesetzt hatte. Ein endgültiges Urteil ist aber erst dann erlaubt, wenn die Internationale Raumstation den Betrieb aufgenommen hat, denn sowohl Mir als auch das europäische Weltraumlabor haben dafür Vorbereitungsarbeiten geleistet.

14. Ein Riese am Himmel und Zukunftspläne

Dem Beobachter der Raumfahrtszene zeigt sich zu Beginn des neuen Jahrhunderts ein Bild, das nicht mehr zu vergleichen ist mit dem früherer Jahrzehnte, vor allem der Pionierzeit, als Sputnik, Gagarin und die Mondfahrer das allgemeine Interesse auf sich zogen. Es ist auch nicht zu leugnen, daß außergewöhnliche Projekte sich leichter unter Konkurrenzdruck, wie er zur Zeit des west-östlichen Wettlaufs herrschte, verwirklichen lassen. Als der Prestigekampf der Großmächte mit der politischen Wende 1989 endete, gab es zwar sowohl in den USA als auch in Rußland noch immer zukunftsweisende Projekte der Raumfahrtplaner, aber sie wurden nicht mehr mit dem gleichen Elan wie vorher vorangetrieben. Dabei waren es im wesentlichen nicht technische Schwierigkeiten, die seitdem zu Verzögerungen und sogar zum Verzicht vorgesehener Raumfahrtaktivitäten führten, sondern finanzielle Engpässe und Entscheidungen auf der politischen Ebene, wo man dem Zeitgeist folgend neue Prioritäten setzte. Folgerichtig ist damit auch das Interesse der Medien gesunken, die stärker als in der Vergangenheit nach dem Verhältnis zwischen Aufwand und Nutzen fragen. Unverkennbar hat darunter auch das bisher größte internationale technische Projekt zu leiden, das für die nächsten 15 Jahre alle Aktivitäten der bemannten Raumfahrt bündeln soll.

Die Internationale Raumstation

Wenn es nach Plan gegangen wäre, könnten die Erdbewohner spätestens im Jahr 2002 jenen Riesensatelliten in der Abend- und Morgendämmerung am Himmel beobachten, dem man zunächst den Namen Freedom, dann Alpha gab, um ihn schließlich mit dem nüchternen Kürzel ISS (International Space Station) zu bezeichnen. Wegen etlicher Verzögerungen bei Vorbereitung und Bau werden sich die Menschen in allen Erdteilen zwischen 51,6 Grad nördlicher Breite (in Deutschland ist das etwa die Linie Ruhrgebiet-Göttingen-Halle) und 51,6 südlicher Breite noch einige Jahre gedulden müssen, bevor das 420 Tonnen schwere Gebilde, das mit 108 x 74 m die Ausmaße eines Fußballfeldes hat, seine elliptische Bahn in Höhen zwischen 335 und 460 km um die Erde zieht. Aber schon vorher gehen jeweils drei Astronauten und Kosmonauten mehrere Monate an Bord, um unter besseren Voraussetzungen die Arbeiten fortzusetzen, die Amerikaner und Europäer mit Spacelab und die Russen mit Mir begonnen haben.

Erste Pläne für eine Raumstation gab es schon lange, bevor mit Sputnik das Zeitalter der Raumfahrt begann, wenn man an die noch etwas utopisch wirkenden Vorschläge von Ziolkowski, der auch den Begriff Raumstation prägte, und Oberth denkt. Konkreter waren die Ideen, die Wernher von Braun 1952 in der amerikanischen Zeitschrift Collier´s veröffentlichte: ein Riesenrad von 75 m Durchmesser, das sich in der Erdumlaufbahn um die eigene Achse dreht, um so eine künstliche Schwerkraft zu erzeugen und das Leben an Bord erträglicher zu machen. Für von Braun sollte eine solche Station vor allem als Basis für Flüge in den Kosmos, unter anderem zum Mond dienen, denn er glaubte zu dieser Zeit noch nicht an die Möglichkeit, unser Nachtgestirn im Direktflug von der Erde aus erreichen zu können.

Mehr als dreißig Jahre später brachte der amerikanische Präsident Ronald Reagan die Idee einer großen Station wieder in die Diskussion. Es gelang ihm, Kanadier, Europäer und Japaner als Partner zu gewinnen. Nach Beendigung des kalten Krieges konnte 1993 schließlich auch Rußland in das Projekt einbezogen werden, so daß nunmehr 16 Staaten an diesem größten internationalen Vorhaben nicht nur der Raumfahrttechnik beteiligt sind. Dadurch gewinnt die Internationale Raumstation einen politischen Aspekt, der den Managern in der NASA und in der ESA zusätzliche Argumente für die Auseinandersetzung mit den Kritikern dieses Projektes bietet, die nicht aufhören, auf die hohen Kosten zu verweisen, und behaupten, mit unbemannten Satelliten und Robotern zu günstigeren Bedingungen gleiche Ergebnisse erzielen zu können.

Wie sehr die Amerikaner an der Einbindung Rußlands interessiert sind, zeigt auch die Tatsache, daß die NASA für das erste

Bauteil, das am 20. November 1998 von Baikonur unter dem prosaischen Namen Sarja (Morgendämmerung) in den Orbit geschossen wurde, finanzielle Unterstützung gewährte. Nachdem wenige Tage später mit Unity ein amerikanisches Verbindungsstück in die Umlaufbahn gelangte und mit Sarja gekoppelt werden konnte, keimte die Hoffnung, daß die nächsten Schritte zügig folgen würden. Die Optimisten wurden jedoch auf eine harte Probe gestellt, denn die für 1999 geplante Fortsetzung der Montage ließ auf sich warten. Stattdessen mußte eine Space Shuttle-Besatzung im Mai 2000 die ersten beiden Bauteile auf eine höhere Umlaufbahn befördern und bereits Reparaturen vornehmen. Wenige Wochen später konnte der Bau der Station mit dem Service-Modul Swesda endlich fortgesetzt und schließlich durch die Russen Juri Gidsenko und Sergej Krikaljow sowie den Amerikaner William Shepherd als erster Mannschaft besetzt werden.

Bis zur endgültigen Fertigstellung der Station sind noch annähernd 50 Transportflüge von russischen Proton-Raketen, amerikanischen Raumtransportern und der Ariane 5 erforderlich, um die vorgesehenen röhrenförmigen Wohn- und Forschungsmodule, die Andockstutzen und Manipulatorsysteme sowie die riesigen Solarzellenflächen zusammenzufügen und der Routinebetrieb beginnen kann. Dann allerdings werden Wissenschaftsastronauten und -kosmonauten Bedingungen vorfinden, die das Leben und Arbeiten im Weltraum auch für einen mehrmonatigen Aufenthalt erträglich machen. Das gilt für die Forschungstätigkeiten ebenso wie für die Zubereitung der Speisen, die tägliche Hygiene und die Schlafkabinen.

Als eins der letzten Elemente soll der europäische Beitrag – das Forschungslabor Columbus (COF) – an die Station gekoppelt werden. Es erinnert in Form, Ausstattung sowie mit der Länge von 6,7 m und dem äußeren Durchmesser von 4,5 m an die bewährte Spacelab-Druckkabine früherer Jahre. Den Kontakt mit der Mannschaft wird das bewährte Kontrollzentrum der DLR im oberbayerischen Oberpfaffenhofen übernehmen. Die ESA hat auch ein automatisches Transferfahrzeug (ATV) entwickelt, das die Versorgung mit Treibstoff und Proviant übernehmen soll und für eine Nutzlast von 9 t ausgelegt ist. Der Kostenanteil der Deutschen an der Internationalen Raumstation beträgt mit 2,5 Md. DM zwar 40% des finanziellen Aufwands aller europäischen Teilnehmer, wirkt im Vergleich zu den Gesamtkosten von ca. 130 Md. DM jedoch eher bescheiden. 16 Raumfahrer werden bereits im Europäischen Astronauten Center bei der DLR in Köln unter Leitung von Professor Ernst Messerschmid, der an der D1-Mission 1985 teilgenommen hat, sowie bei der ESTEC im niederländischen Noordwijk und in Houston, Texas, ausgebildet und auf ihre Arbeit an Bord vorbereitet. Darunter sind die deutschen Reinhold Ewald, Thomas Reiter, Hans Schlegel und Gerhard Thiele, die alle entweder mit dem amerikanischen Space Shuttle oder auf der russischen Mir im Weltraum waren. Mit ihren Kollegen aus Frankreich, Italien, Spanien, Schweden und den Niederlanden sowie der Französin Claudie André-Deshays und dem Schweizer Claude Nicollier, der von allen europäischen Raumfahrern bisher die meisten Flüge absolvieren konnte, sollen sie im Columbus-Labor jährlich etwa 500 materialwissenschaftliche, medizinische, biologische und technologische Experimente ausführen. Sie sind sich bewußt, daß sie unter Erfolgsdruck stehen, weil Kritiker und Gegner der bemannten Raumfahrt sich nicht mehr mit neuen Erkenntnissen für die Grundlagenforschung zufrieden geben, sondern mehr als bisher praktischen Nutzen für die Allgemeinheit fordern.

Ein Raumgleiter für die Rückkehr zur Erde bleibt ständig mit der Raumstation verbunden. Im Notfall kann er als „Rettungsboot" verwendet werden. Gegen den vielbeschworenen und ständig zunehmenden Weltraumschrott, der schon mehrfach Raumschiffen und Satelliten gefährlich wurde, hat man allerdings durch Doppelwandungen, die mit Geweben und Schaumstoffen ausgefüllt sind, Vorkehrungen getroffen.

Menschen zum Mars?

Die Exkursion der Mondfahrer Armstrong und Aldrin im lunaren Meer der Ruhe im Juli 1969 war kaum beendet, als ungeduldige Zeitgenossen bereits die Frage stellten: „Wann fliegen

Menschen zum Mars?" In der allgemeinen Raumfahrteuphorie jener Zeit wurde ihnen nicht bewußt, daß dieses neue Ziel und der Weg dorthin nicht zu vergleichen ist mit einem Flug zu unserem Nachtgestirn. Auf der einen Seite der Trabant, der unsere Erde in ca. 400 000 km umrundet und der in wenigen Tagen zu erreichen ist, auf der anderen Seite der Planet, der sich gemeinsam mit uns um die Sonne bewegt, wobei sich Erde und Mars mal bis auf ca. 56 Mio. km annähern, um sich dann wieder bis auf ca. 400 Mio. km voneinander zu entfernen. Zum roten Planeten zu fliegen, bedeutet – um das treffende Bild eines Fachmanns aufzugreifen – von einer fahrenden Eisenbahn aus, einen Ball in das Fenster eines anderen Zuges zu werfen, der sich auf einem Nebengleis mal schneller, mal langsamer bewegt. Daß es dennoch möglich ist, dieses Kunststück fertig zu bringen, haben die unbemannten Sonden bewiesen, die seit den siebziger Jahren unseren Nachbarplaneten erreicht und erkundet haben.

Über den möglichen Ablauf einer bemannten Marsmission sind sich kompetente Autoren durchaus einig, wobei sie sich auch auf glaubwürdige Kronzeugen wie Wernher von Braun und Krafft A. Ehricke berufen können, die die Grundzüge eines solchen Unternehmens schon Anfang der fünfziger Jahre dargestellt und in den darauf folgenden Jahren modifiziert haben. In wesentlichen Punkten sind diese Pläne keineswegs überholt. Nach den Erfolgen der Mondflüge kann es nicht verwundern, daß man sich mit den einzelnen Schritten an diesem Muster orientiert. Nur der Start soll nicht wie bei Apollo von der Erde aus, sondern von einer Raumstation im Orbit erfolgen, wo die Raumschiffkombination mit den erforderlichen Raketen zusammen gefügt würde. Dadurch könnte man den Energieaufwand erheblich reduzieren. Die nächsten Phasen wären der Flug einer sechsköpfigen Mannschaft zum Zielplaneten, die dabei einen halben Sonnenumlauf und etwa eine halbe Milliarde km zurücklegen müßte und etwa 250 Tage unterwegs wäre, bevor sie in eine Umlaufbahn des Mars einschwenken könnte. Das gefährlichste Manöver wäre der Abstieg von vier Raumfahrern zum Landegebiet. Es folgten Exkursionen und ein umfangreiches wissenschaftliches Arbeitsprogramm, wobei ein ausgedehntes

Areal mit Hilfe eines Rovers erkundet werden könnte. Nach 500 Tagen Marsaufenthalt endlich erfolgte der Rückstart und die Kopplung mit dem Mutterschiff, das mit zwei Astronauten in der Parkbahn zurückgeblieben ist. Für den Rückflug zur Erde müßten die Planer noch einmal etwa 250 Tage ansetzen. Das heißt, der Besuch bei unserem Nachbarplaneten würde zwei Jahre und neun Monate beanspruchen. Aber nicht nur die Reisezeit, auch die physische und psychische Belastung der Mannschaft und die Risiken, denen sie durch die kosmische Strahlung ausgesetzt würde, machen den Marsflug zu einem Abenteuer ohne Beispiel.

Nicht wenige bezweifeln deshalb, daß ein solches Unternehmen bereits in nächster Zukunft – etwa 2019 zum 50. Jahrestag der ersten Mondlandung – unternommen wird, und Skeptiker vermuten gar, daß man dem roten Planeten wie bisher ausschließlich mit unbemannten Sonden und weiter perfektionierten Robotern zu Leibe rückt. Wer die Geschichte der Raumfahrt beschreibt, sollte sich nicht auf das Gebiet von Prophezeiungen und Spekulationen begeben. Dennoch darf er feststellen, daß die Entwicklungen und Erfolge der Astronautik in der Vergangenheit Überraschungen bereithielten, die vor einigen Jahrzehnten noch kaum für möglich gehalten wurden. Darum könnten eines Tages doch diejenigen Recht behalten, die unter veränderten politischen und ökonomischen Bedingungen und bei Intensivierung der internationalen Zusammenarbeit eine bemannte Marsmission als möglich ansehen – vor allem dann, wenn man mit neuen Antrieben, an denen seit langem intensiv gearbeitet wird, die Reisezeiten erheblich reduzieren kann.

Weltraumtourismus und Siedlungen im All

Bisher blieb der Flug in den Weltraum, ob in den Erdorbit oder zum Mond, langwierig vorbereiteten und intensiv trainierten Piloten und Wissenschaftlern vorbehalten. Fachleute zweifeln jedoch nicht daran, daß die Teilnahme an solchen Unternehmungen eines Tages auch anderen Zeitgenossen möglich sein wird, zumal Weltraumtourismus für die Veranstalter ein lukratives Geschäft verspricht und darüber hinaus das Kundeninteresse groß ist. Jedenfalls haben Umfragen ergeben, daß 60% der Amerikaner und immerhin 43% der Deutschen an einem Trip in den Kosmos teilnehmen würden, wenn er zu vertretbaren Preisen möglich wäre. Kein Wunder also, daß findige Agenturen bereits Wartelisten aufstellen und Informationsveranstaltungen anbieten – selbst wenn ihnen bewußt ist, daß bis zum Start der ersten Kosmosreisegruppe noch einige Jahrzehnte vergehen dürften. Auch Edwin Aldrin, der als zweiter Mann den Mond betrat, engagiert sich auf diesem Gebiet und hatte keine Bedenken, im März 1997 auf einem Symposion als Referent aufzutreten, das sich in Bremen dem Thema Weltraumtourismus widmete. Zu den Sponsoren dieser Veranstaltung gehörte sogar Daimler-Benz Aerospace. Der deutsch-amerikanische Konzern teilte inzwischen mit, daß er in den kommenden 20 Jahren in 450 km Höhe auch ein erstes Weltraumhotel errichten will.

Was Lebenden vorerst noch nicht möglich sein wird, wurde für einige privilegierte Tote bereits Wirklichkeit. Mit Hilfe einer Pegasus-Rakete gelangten im April 1997 die Aschereste von 24 Personen in Miniurnen in den Erdorbit, wo sie eines Tages beim Wiedereintritt in die Erdatmosphäre verglühen werden. Eine besondere Ehre wurde Eugene Shoemaker zuteil, der vor einigen Jahren den dann nach ihm benannten Kometen Shoemaker-Levy entdeckte hatte. Die Urne mit seiner Asche wurde von der Mondsonde Lunar Prospector zum Erdtrabanten mitgenommen, wogegen in den USA die Nawajo-Indianer protestiert haben, weil ihnen der Mond heilig ist und sie befürchten, daß er auf diese Weise entweiht wurde.

Etliche Zukunftsdeuter der Raumfahrt gehen jedoch längst über Pläne von Weltraumtourismus und exotisch erscheinende Bestattungsrituale hinaus. Sie prophezeien, daß in fernen Zeiten Erdbewohner ihren Heimatplaneten verlassen und in den Kosmos auswandern. Ein Ziel wäre der Mars, dessen Atmosphäre man so verändern müßte, daß er sich als dauernde Wohnstatt für die Spezies Mensch eignen könnte. „Terraforming" nannten NASA-Planer dieses Projekt, das nach ihrer Meinung bis zum Jahr 2170 zu verwirklichen sei. Und warum solche gigantischen

Anstrengungen? Ein Mitarbeiter gab schon vor Jahren die Antwort: „Neben der Zerstörung unserer Umwelt bedrohen noch immer der nukleare Holocaust oder der Einschlag eines Riesenmeteoriten unsere Zivilisation. Deshalb wäre es klug, nach einem Plan für die Menschheit außerhalb der Erde zu suchen. Den Mars umgestalten zu lernen, könnte sich auszahlen." An anderer Stelle wird auch die drohende Überbevölkerung als Argument für diese Art von Eskapismus und für die Angst, der Mensch könne eines Tages seinen Lebensraum auf der Erde zerstören, genannt.

Weit realistischer als solche Ideen, ist der Vorschlag, auf unserem Nachtgestirn eine von wechselnden Teams besetzte Forschungsstation einzurichten. Immerhin ist die Trasse Erde – Mond seit mehr als 30 Jahren erschlossen. So konnte es nicht verwundern, daß Pläne für eine Basis auf unserem Trabanten unmittelbar nach den Apollo-Exkursionen ausgearbeitet wurden. Daß sie vorerst unbeachtet in den Schubladen der amerikanischen Weltraumbehörde zu vergilben drohen, hat mehrere Gründe. Einmal haben sich das Interesse und die finanzielle Anstrengung auf die Internationale Weltraumstation konzentriert und zum anderen, wird es schwer sein, die öffentliche Hand oder Sponsoren als Geldgeber für ein Projekt zu finden, das in erster Linie der astronomischen und astrophysikalischen Forschung dient, zwei Fachgebiete, die für viele Zeitgenossen noch immer als exotische Disziplinen gelten.

Den vielleicht kühnsten Zukunftsplan der bemannten Raumfahrt hat der Physikdozent an der US-amerikanischen Princeton-Universität, Gerard K. O'Neill, 1969 entworfen und in den darauffolgenden Jahren mit einer Gruppe von Experten der verschiedensten Disziplinen weiterentwickelt. Abseits von Mars und Mond suchte er nach Möglichkeiten, Zivilisationen im Weltraum in künstlichen Satelliten, die er Rauminseln und Habitate nannte, anzusiedeln. Paarweise angeordnete riesige Röhren mit Längen bis zu 32 km und einem Durchmesser von 6,5 km würden sich, miteinander verbunden, um eine gemeinsame Achse drehen und die Erde auf einer Bahn umkreisen, die etwa der Bahn des Mondes, der als Rohstofflieferant dienen könnte, entspricht. In der Endphase hätten mehrere Millionen Menschen in einer solchen Siedlung Platz, deren Ambiente dem des Heimatplaneten gleichen würde. Auch O'Neill hat für seine Ideen einen renommierten Kronzeugen gefunden – Konstantin Eduardowitsch Ziolkowski, dessen Grabinschrift in Kaluga er zitiert: „Der Mensch wird sich auf Dauer nicht mit der Erde begnügen – sein Drang nach Licht und Weite wird ihn die Fesseln der Atmosphäre sprengen lassen; zuerst wird er zögernd und schüchtern zu Werke gehen, doch dann wird er das ganze Sonnensystem erobern."

Wie immer man über Visionäre denken und urteilen mag, die wenigen Jahrzehnte der Raumfahrtgeschichte seit Sputnik haben mit Mond- und Planetenflügen, mit Wetterbildern aus dem Weltraum und der weltweiten Kommunikation via Satelliten, mit erregenden Blicken in die Unendlichkeit des Kosmos und nicht zuletzt mit einem neuen Bild unserer Erde manchen Skeptiker widerlegt und uns alle das Staunen gelehrt.

Anhang

Zeittafel

1957–1960

04.10.57	Sputnik 1, UdSSR, startet als erster künstlicher Satellit in den Erdorbit
03.11.57	Polarhündin Laika, UdSSR, als erstes Lebewesen im Weltraum
01.02.58	Erster US-Satellit Explorer entdeckt den Van-Allen-Strahlungsgürtel
04.10.59	Start der sowjetischen Sonde Lunik 3, die Fotos der Mondrückseite zur Erde sendet
01.04.60	Start von Tiros 1, USA, des ersten Wettersatelliten

1961–1970

12.04.61	Der Sowjetrusse Juri Gagarin an Bord von Wostok 1 erster Mensch im Weltraum
21.02.62	Erster Raumflug eines Amerikaners: John Glenn mit Mercury
23.07.62	Erste transatlantische Fernsehübertragung mit Telstar
12.08.62	Gruppenflug der Kosmonauten Nikolajew und Popowitsch mit Wostok 3 und 4
16.06.63	Sowjetrussin Valentina Tereschkowa als erste Frau im Weltraum
12.10.64	Woschod 1, UdSSR, startet mit drei Kosmonauten
18.03.65	Kosmonaut Alexeij Leonow verläßt Raumschiff und schwebt nur mit Kabel verbunden frei im Orbit
23.03.65	Erstflug des amerikanischen Zwei-Mann-Raumschiffs Gemini
31.01.66	Start Luna 9, UdSSR, zur ersten weichen Mondlandung
16.03.66	Amerikaner unternehmen mit Gemini 8 erstes Kopplungsmanöver
27.01.67	Die US-Astronauten Grissom, White und Chaffee sterben bei einem Bodentest der Apollo-Kapsel
24.04.67	Absturz des neuen Raumschiffs Sojus 1 und Tod des Kosmonauten Komarow
24.12.68	Apollo 8 umfliegt den Mond mit den Astronauten Bormann, Lovell und Anders
20.07.69	Erste bemannte Mondlandung der Astronauten Armstrong und Aldrin mit Apollo 11
14.04.70	Explosion eines Sauerstofftanks an Bord von Apollo 13
17.11.70	Ferngesteuertes Mondfahrzeug Lunochod, UdSSR, landet auf dem Mond

1971–1980

19.04.71	Start der sowjetischen Raumstation Salut 1
30.06.71	Tod der Kosmonauten Pazajew, Dobrowolski und Wolkow bei der Rückkehr von Sojus 11
19.12.72	Wasserung von Apollo 17 und Abschluß des Apollo-Programms
14.05.73	Start der US-Raumstation Skylab
10.12.74	Start der deutschen Sonnensonde Helios 1
19.12.74	Start des deutsch-französischen Nachrichtensatelliten Symphonie
17.07.75	Amerikanisch-sowjetisches Rendezvous der Raumschiffe Apollo und Sojus
20.07.76	Marslandung der US-Sonde Viking 1
20.08.77	Start der amerikanischen Planetensonde Voyager 2
26.08.78	Sigmund Jähn an Bord von Sojus 31 als erster Deutscher im All
09.07.79	Voyager 2 am Jupiter
24.12.79	Erststart der europäischen Ariane-Rakete

1981–1990

12.04.81	Erstflug eines amerikanischen Space Shuttle (Columbia)
25.08.81	Voyager 2 passiert Saturn
28.11.83	Erster westdeutscher Astronaut Ulf Merbold startet an Bord eines amerikanischen Space Shuttle mit dem europäischen Spacelab
30.10.85	Start der D 1-Mission mit den deutschen Astronauten Reinhard Furrer und Ernst Messerschmid
24.01.86	Voyager 2 am Uranus
28.01.86	Tod der siebenköpfigen Besatzung bei Explosion des Space Shuttle Challenger
19.02.86	Start der sowjetischen Raumstation Mir
14.03.86	Passage der ESA-Sonde Giotto am Kometen Halley und Bildübertragung
24.08.89	Ankunft von Voyager 2 bei Neptun
18.10.89	Start der amerikanisch-deutschen Planetensonde Galileo
25.04.90	Weltraumteleskop Hubble wird von Space Shuttle 31 im All ausgesetzt

1991–2000

26.04.93	Start der D 2-Mission mit den deutschen Astronauten Hans Schlegel und Ulrich Walter
03.02.94	Erstmals russischer Kosmonaut an Bord eines amerikanischen Space Shuttle
26.04.96	Kopplung des letzten Moduls Priroda mit der russischen Raumstation Mir

04.07.97	US-Sonde Pathfinder landet mit Fahrzeug Sojourner auf dem Mars
20.11.98	Sarja, erstes russisches Bauteil der Internationalen Raumstation startet von Baikonur
04.12.98	Erstes amerikanisches Bauteil der Internationalen Raumstation, Unity, startet von Cape Canaveral
28.08.99	Russischer Kosmonaut Awejew stellt mit insgesamt 737 Tagen im All neuen Rekord auf
10.12.99	Erster kommerzieller Start einer europäischen Ariane 5-Rakete
12.07.00	Russisches Modul Swesda von Baikonur zur Internationalen Raumstation gestartet
02.11.00	Der Amerikaner William Shepherd und die Russen Juri Gidsenko und Sergej Krikalow besetzen als erste Mannschaft die Internationale Raumstation

Raumfahrer aus Deutschland, Österreich und der Schweiz

Deutschland

Sigmund Jähn, geb. 13. 02. 1937 in Rautenkranz (Vogtland)
Physiker, Dr. rer. nat., Generalmajor a. D. (DDR)
Raumflug: 26. 08.–03. 09. 1978, Raumstation Salut 6, Dauer: 7 Tage

Ulf Merbold, geb. 26. 06. 1941 in Greiz (Vogtland)
Physiker, Dr. rer. nat.
Raumflüge: 28. 11.–08. 12. 1983, Spacelab mit Space Shuttle Columbia,
22. 01.–31. 01. 1992, Spacelab mit Space Shuttle Discovery,
03. 10.–04. 11. 1994, Raumstation Mir, Gesamtaufenthalt im All: 49 Tage

Ernst Messerschmid, geb. 21. 05. 1945 in Reutlingen
Physiker, Dr. rer. nat., Universitätsprofessor
Raumflug: 30. 10.–06. 11. 1985, Spacelab D 1 mit Space Shuttle Challenger,
Dauer: 7 Tage

Reinhard Furrer, geb. 25. 11. 1940 in Wörgl (Österreich)
Berufspilot, Physiker, Dr. rer. nat., Universitätsprofessor
Raumflug: 30. 10.–06. 11. 1985, Spacelab D 1 mit Space Shuttle Challenger,
Dauer: 7 Tage
Bei einem Flugzeugabsturz am 09. 09. 1995 tödlich verunglückt

Klaus Dietrich Flade, geb. 23. 08. 1952 in Büdesheim
Diplom-Ingenieur, Testpilot, Oberstleutnant der Luftwaffe
Raumflug: 17. 03.–24. 03. 1992, Raumstation Mir, Dauer: 7 Tage

Ulrich Walter, geb. 09. 02. 1954 in Iserlohn
Physiker, Dr. rer. nat.
Raumflug: 26. 04.–06. 05. 1993, Spacelab D 2 mit Space Shuttle Columbia,
Dauer: 9 Tage

Hans Schlegel, geb. 03. 08. 1951 in Überlingen
Physiker
Raumflug: 26. 04.–06. 05. 1993, Spacelab D 2 mit Space Shuttle Columbia,
Dauer: 9 Tage

Thomas Reiter, geb. 23. 05. 1958 in Frankfurt am Main
Diplom-Ingenieur, Testpilot der Luftwaffe
Raumflug: 03. 09. 1995–29. 02. 1996, Raumstation Mir
Dauer: 180 Tage, 2 Ausstiege in den Weltraum

Reinhold Ewald, geb. 18. 12. 1956 in Mönchengladbach
Physiker, Dr. rer. nat.
Raumflug: 10. 02.–02. 03. 1997, Raumstation Mir
Dauer: 20 Tage

Gerhard Thiele, geb. 02. 09. 1953 in Heidenheim/Brenz
Physiker, Dr. rer. nat.
Raumflug: 11. 02.–22. 02. 2000, Space Shuttle Endeavour; Dauer: 11 Tage

Österreich

Viehböck, Franz, geb. 24. 08. 1960 in Wien
Diplom-Ingenieur
Raumflug: 02. 10.–10. 10. 1991, Raumstation Mir; Dauer: 8 Tage

Schweiz

Nicollier, Claude, geb. 02. 09. 1944 in Vevey
Physiker
Raumflüge: 31. 07.–08. 08. 1992, Space Shuttle Atlantis,
02. 12.–13. 12. 1993, Space Shuttle Endeavour,
22. 02.–09. 03. 1996. Space Shuttle Columbia,
14. 12.–27. 12. 1999, Space Shuttle Discovery,
Gesamtaufenthalt im All: 48 Tage

Bildnachweis

Abbildungen Nr. 1, 2: Ria „Nowosti", Berlin
Abbildungen Nr. 3, 4, 6, 7, 8, 9: NASA
Abbildungen Nr. 5, 10, 11, 12, 13: ESA

Literaturverzeichnis

Die folgende Aufstellung enthält im wesentlichen Publikationen, die nach 1985 erschienen sind. Von den zahlreichen Veröffentlichungen über die erste Mondlandung der Amerikaner 1969 werden hier nur einige aufgeführt, da die Berichte sich in den entscheidenden Einzelheiten wiederholen.
Die ausführlichste und reich illustrierte Darstellung der historischen Entwicklung ist die bereits 1979 erschienene *„Geschichte der Raumfahrt"* von Werner Büdeler, Sigloch Edition, Künzelsau. In einer 2. Auflage konnte der Autor bedauerlicherweise nur die Zeit bis 1981 berücksichtigen, so daß die seitdem gestarteten Projekte keine entsprechende Schilderung gefunden haben.

Apt, Jay u. a.: *Orbit – Die Erde in spektakulären Fotografien der NASA-Astronauten.* Bildband, Augsburg 1997

Armstrong, Neil u. a.: *Wir waren die Ersten.* Frankfurt 1970

Bizony, Piers: *Die Internationale Raumstation.* München 1997

Booth, Nicholas: *Die Erforschung unseres Sonnensystems.* München 1996

Braun, Wernher von: *Bemannte Raumfahrt.* Frankfurt am Main 1968

Büdeler, Werner: *Projekt Apollo.* Gütersloh 1969

Engelhardt, Wolfgang: *Die Internationale Raumstation – Auf dem Weg ins All.* Nürnberg 1997

Esser, Michael: *Der Griff nach den Sternen.* Basel 1999

Fischer, Daniel: *Mission Jupiter. Die spektakuläre Reise der Raumsonde Galileo.* Basel 1998

Goldsmith, Donald: *Die Jagd nach Leben auf dem Mars.* München 1996

Goodwin, Simon: *Mission Hubble.* Augsburg 1996

Gründer, Matthias: *SOS im All – Pannen, Probleme und Katastrophen der bemannten Raumfahrt.* Berlin 2000

Hahn, Hermann-Michael (Hrsg.): *D 1 – unser Weg ins All.* Braunschweig 1985

Hahn, Hermann-Michael: *Das neue Bild vom Sonnensystem.* Stuttgart 1992

Heuseler, Holger: *Zwischen Sonne und Pluto.* München 1999

Hoffmann, Horst: *Sigmund Jähn – Der fliegende Vogtländer.* Berlin 1999

Hofstätter, Rudolf: *Sowjet-Raumfahrt.* Basel 1989

Kelley, Kevin W. (Hrsg.): *Der Heimatplanet.* Bildband, Frankfurt am Main 1996

Kowalski, Gerhard: *Die Gagarin-Story.* Berlin 1999

Light, Michael: *Full Moon – Aufbruch zum Mond.* Bildband, München 1999

Lorenzen, Dirk H.: *Raumsonde Galileo.* Stuttgart 1998

Merbold, Ulf: *Flug ins All.* Bergisch Gladbach 1986

Messerschmid, Ernst u. a.: *Raumstationen – Systeme und Nutzung.* Berlin und Heidelberg 1997

Metzler, Rudolf: *Loewes Weltraumlexikon.* Bindlach 1986

Metzler, Rudolf: *Herausforderung Weltraum.* Stuttgart 1991

Miles, Frank: *Aufbruch zum Mars.* Stuttgart 1988

Oberth, Hermann: *Wege zur Raumschiffahrt.* Bukarest 1974

Oberth, Hermann: *Menschen im Weltraum.* Düsseldorf und Wien 1963

O'Neill, Gerard K.: *Unsere Zukunft im Raum.* Bern 1978

Puttkamer, Jesco von: *„Columbia, hier spricht Adler!".* Weinheim 1969

Puttkamer, Jesco von: *Jahrtausendprojekt Mars.* München 1996

Ruppe, Harry O.: *Die grenzenlose Dimension Raumfahrt.* Bd. 1 und 2, München 1986

Sänger, Eugen: *Raumfahrt heute – morgen – übermorgen.* Düsseldorf und Wien 1964

Sagan, Carl: *Blauer Punkt im All – unsere Zukunft im Kosmos.* München 1996

Stanek, Bruno: *Raumfahrt Lexikon.* Bern 1986

Walter, Ulrich: *In 90 Minuten um die Erde.* Würzburg 1997

Walter, Ulrich: *Zivilisationen im All.* Heidelberg und Berlin 1999

Zimmer, Harro: *Der rote Orbit. Glanz und Elend der russischen Raumfahrt.* Stuttgart 1996

Register

A 4 11, 13
ABM-Vertrag 43
Afrika 36, 72
Agena-Rakete 32
Aldrin, E. 2, 47–54, 59f., 100, 103, 107
Alpha 97
Anders, B. 46, 107
André-Deshays, C. 100
Antwerpen 11
Apollo-Programm 32, 44, 62f., 65, 86f., 91, 101, 104, 108
Apollo 8 32, 45f., 56, 107
Apollo 9 46
Apollo 10 46
Apollo 11 11, 47f., 50–53, 55, 107
Apollo 12 55, 60
Apollo 13 56f., 68, 107
Apollo 14 57, 60, 63
Apollo 15 58, 60
Apollo 16 58
Apollo 17 58, 108
Äquator 37, 70
Arabien 72
Archangelsk 41
Ares Vallis 84
Ariane 1 70, 108
Ariane 2 70
Ariane 3 70
Ariane 4 70
Ariane 5 71, 99, 109
Arianespace 70, 71
Armstrong, N. 2, 47–50, 52, 59, 61, 100, 107
Asteroidengürtel 79, 83
Atlantis (Shuttle) 68, 82, 88, 111
ATV 99
Australien 67, 69
Awejew, S. 109

Baikonur 17, 34, 63, 67, 94, 98, 109
Barcelona 14
Basset, C. 34
Beethoven, L.v. 81
Bethlehem 74
Boeing 747 88
Bondone, G.d. 74
Bormann, F. 32, 45, 107
Born, M. 60
Braun, W.v. 11, 13, 45, 98, 101
Bremen 91, 93, 103
Bundesministerium f. Forschung und Technologie 75

Cape Canaveral 11, 14, 17, 20, 34, 45, 47, 67, 72, 80, 89, 109
Carpenter, S. 22
Cayenne 70
Cernan, E. 33, 46
Chaffee, R. 34, 107
Challenger (Shuttle) 88f., 92, 108, 110
China 38, 71f.
Chretien, J.-L. 64
Clinton, B. 43
Cincinnatti 59
CNES 69f.
Collins, M. 48, 50
Columbia (Raumschiff) 47, 52
Columbia (Shuttle) 88f., 108, 110f.
Columbus (Modul) 99f.
Conrad, C. 60, 65
Cook, J. 61
Cooper, G. 23

D 1 91, 93, 100, 108, 110
D 2 93, 108, 110
Daimler-Benz
   Aerospace 82, 103
Darmstadt 39, 69, 75
Descartes (Krater) 58

117

Deutschland 37, 45, 49, 53, 64, 66, 68–71, 73f., 76, 82, 90f., 97
DFVLR (DLR) 69, 73, 76, 92, 99f.
Discovery (Shuttle) 88, 110f.
Dobrowolski, G. 35, 108

EAC (Europäisches Astronauten Center) 100
Eagle (Mondfähre) 47ff., 52
Ehricke, K.A. 101
ELDO 69
Endeavour (Shuttle) 90, 111
Erde (Planet) 9f., 15, 20, 23f., 26f., 28–31, 34, 38–41, 45–49, 51f., 55f., 58–62, 66f., 73ff., 78f., 81f., 85f., 88, 90, 98, 100ff., 104f.
Erhard, L. 73
ERS 40
ESA 38, 69f., 75, 88, 91, 95, 98f.
ESOC 39, 69, 75
ESRIN 69
ESRO 69, 72, 90f.
ESTEC 69, 100
Europa 36, 38, 49, 69, 72, 93, 98
Europa (Mond) 82, 84
Europa-Rakete 69f.
Europa 2 70
Eurovision 37
Eutelsat 72
Ewald, R. 95f., 100, 111
Exosat 76
Explorer 15, 107

Feoktistow, K. 31
Flade, K.D. 95, 110
Finnland 36
Fra Mauro-Region 55, 57
Frankfurt, Universität 68
Frankfurter Allgemeine 13
Frankreich 69, 71, 100
Freedom 97
Freedom 7 19f.
Freemann, T. 34
Furrer, R. 91, 108, 110

Gagarin, J. 17ff., 33, 35, 97, 107
Galilei, G. 82
Galilei-Sonde 82f., 85f., 108
Gama, V.d. 61
Ganymed (Mond) 82, 84
Gaspra 83
Gemini-Programm 31, 55, 107
Gemini 3 32
Gemini 4 32
Gemini 5 32
Gemini 6 32
Gemini 7 32
Gemini 8 32, 107
Gemini 9 33f.
Gidsenko, J. 99, 109
Giotto, d.B. 74
Giotto-Sonde 75f., 108
Glenn, J. 20ff., 32f., 53, 90, 107
Goddard, R.H. 9
Goddard Space Flight Center 10
Godwin, F. 44
GPS 42
Grissom, V. 20, 34, 107
Grönland 36
Großbritannien 69
Gröttrup, H. 13
Guayana 70

Hadley-Rille 58
Haise, F. 57
Halley, E. 74
Halley (Komet) 74, 85, 108
Ham 15f.
Hawaii 53
Helios-Programm 71f., 74
Helios 1 72, 108
Helios 2 73
Heos 71f.
Hipparcos 76
Hiroshima 61
Holocaust 61
Hornet 53
Houston 47ff., 51, 56ff., 100
Hoyle, F. 62

Hubble (Weltraumteleskop) 90, 108
Huygens 76

Ida 83
Indien 38, 64, 72
Institut Rabe 13
Interkosmos-Programm 64
Io (Mond) 81f., 84
Irak 43
Iran 72
Irwin, J. 60
ISO 76
ISS (Internationale Raumstation) 2, 71, 95–98, 100, 104, 109
Italien 71, 100

Jähn, S. 64, 108, 110
Japan 38, 98
Jegorow, B. 31
Jet Propulsion Laboratory 80, 85
Johnson, L.B. 73
Jupiter (Planet) 79–84, 108
Jupiter-Rakete 15

Kallisto (Mond) 82, 84
Kaluga 9, 105
Kanada 72, 98
Kasachstan 13, 17
Kennedy, J.F. 20, 30, 34, 45, 54
Kepler, J. 44
Köln, Universität 75
Kohoutek (Komet) 66
Kolumbus, C. 61
Komarow, W. 31, 35, 107
Konstanz 57
Koroljow, S.P. 18, 54
Kosmos *249* 42
Kossygin, A. 68
Krikaljow, S. 99, 109
Kourou 70f.
Kristall (Modul) 94
Kuba 19
Kummersdorf 11
Kvant (Modul) 94

Laika 15f., 107
Landsat 39
Lang, F. 11
Leonow, A. 30f., 67, 107
Lindbergh, C. 53
London 11
Lovell, J. 23, 46, 55, 57, 107
Lukian 44
Luna-Sonde 24ff.
Luna *9* 25, 107
Luna *15* 48, 59
Luna *24* 59
Lunar Orbiter 25
Lunar Prospector 103
Lunar Roving Vehicle 58
Lunik *3* 24f., 107
Lunochod 59, 107

Mailand 26
Mainz 85
Mare Moscovianum 25
Mare Tranquillitatis 46f., 49, 52, 100
Mare Umbrium 59
Mariner 26ff.
Mars (Planet) 26ff., 77ff., 83–86, 100–104, 109
Mars *1* 27
Mars Pathfinder 26, 84ff., 109
Mattingly, T. 55
Max-Planck-Institut für Aeronomie 85
Max-Planck-Institut für Biochemie 68
Max-Planck-Institut für Chemie 85
MBB-ERNO 91
McAuliffe, C. 89
Merbold, U. 89, 91, 95, 108, 110
Mercury-Programm 17, 19, 21, 30, 32, 107
Mercury *8* 23
Mercury *9* 23
Merkur (Planet) 28f., 73
Messerschmid, E. 91, 100, 108, 110

119

Meteor-Programm 38
Meteosat 39, 72
Mir 68, 93–96, 98, 100, 108, 110f.
Mond 2, 11, 14, 20, 24ff., 29f., 32ff., 44–52, 54ff., 58ff., 62, 78, 82, 84, 86, 93, 98, 101–104, 107
Moskau 9, 13, 17, 33, 35, 48, 54, 95
München 10, 68, 73, 92
Mumford, L. 60

N 1-Rakete 54
Nairobi 72
NASA 10, 17, 20, 31, 33, 45f., 55, 57, 59, 66, 82, 86, 88, 91, 95, 98, 103
Nawajo-Indianer 103
Nebel, R. 11
Nelson, B. 89
Neptun (Planet) 79, 80f., 108
New York 22, 37, 50, 53
Nicollier, C. 100, 111
Nikolajew, A. 23, 107
Niederlande 92, 100
Nixon, R. 50, 53, 68
NMD 43
Noordwijk 69, 100
Nordkorea 43

Oberpfaffenhofen 73, 92, 99
Oberth, H. 10f., 36, 41, 98
Ockels, W. 92
Oktoberrevolution 16, 77
Olymp (Mond) 82
O'Neill, G. 104f.
Ozean der Stürme 55

Paris 37, 69, 72
Pasadena 73, 80
Pazajew, W. 35, 108
Peenemünde 11
Pegasus-Rakete 103
Pioneer 10 79f., 82
Pioneer 11 79f., 82
Pleseck 41

Plötzensee 11
Popowisch, P. 23, 107
Princeton Universität 104
Prioda (Modul) 94, 108
Progreß 64, 94, 96
Proton-Rakete 94, 99

Ranger 25
Reagan, R. 42, 98
Redstone-Rakete 19
Reiter, T. 95, 100, 110
Resurs 40
Rheinhausen bei Duisburg 37
RKA 95
Rom 37, 69
Rosat 76

Sänger, E. 87
Sagan, C. 85
Salut-Programm 63f., 87, 93, 108
Salut 3 63
Salut 6 64, 110
Salut 7 64
Samoa-Inseln 57
San Francisco 37
Saratow 18
Sarja (Modul) 99, 109
Saturn (Planet) 79ff., 108
Saturn 5-Rakete 11, 45, 47, 54, 59, 65
Schiaparelli, G. 26
Schimpansen 16
Schirra, W. 23
Schlegel, H.W. 93, 100, 108, 110
Schmitt, H. 58
Schweden 100
Schweinebucht 19
SDI 43
See, E. 34
Sharma, R. 64
Shepard, A. 19f., 60
Shepherd, W. 99, 109
Shoemaker, E. 103
Shoemaker-Levi (Komet) 83, 103
Sizilien 36f.

Skylab 65f., 108
Slayton, D. 67
Sojourner 85f., 109
Sojus 34f., 63, 67, 94, 107f.
Sonde 2 26
Sonne 27, 29, 66, 73f., 78, 101
Space Shuttle 40, 82, 87f., 91, 93f., 99f., 108
Spanien 100
Spektr (Modul) 94, 96
Sputnik *1* 14, 17, 97f., 107
Sputnik *2* 15ff.
Stafford, T. 46
Surveyor-Programm 25
Surveyor *3* 55
Südamerika 72
Swesda (Modul) 99, 109
Swigert, J. 55ff.
Swing-by-Flug 80, 82
Symphonie 71f., 108
Syncom 37

Taormina 37
Taurus-Littrow-Region 58
Telstar 37, 107
Tereschkowa, W. 23, 107
Thiele, G. 90, 100, 111
Thor-Rakete 15
Tibet 36
Tiros *1* 38, 107
Titan (Mond) 81
Titow, G. 20, 23
Tranquillity Base 49

Ulysses 76
UNESCO 72

Unity (Modul) 99, 109
Uranus (Planet) 79ff., 108
Urey, H. 51, 62

V *2* 11, 13
Van Allen-Strahlungsgürtel 15, 107
Vandenberg 41
Vanguard 15
Venus (Planet) 28, 73, 82
Venus *4* 28
Verne, J. 44
Viehböck, F. 111
Viking-Programm 26, 78f., 80, 84, 86
Viking *1* 78, 108
Viking *2* 78
Voyager *1* 79f., 82, 86
Voyager *2* 79–82, 108

Walther, U. 93, 108, 110
Washington 13, 16, 20
White, E. 32, 34, 107
Wien 37
Wilkins, J. 44
Wolkow, W. 35, 108
Woomera 69f.
Woschod *1* 30, 107
Woschod *2* 31f.
Wostok-Programm 17, 31, 34
Wostok *3* 22, 107
Wostok *4* 22, 107
Wright, O. 9
Wright, W. 9

Ziolkowski, K.E. 9, 18, 25, 98, 105

Buchanzeigen

Naturwissenschaften in der Reihe C. H. Beck Wissen

Andreas Burkert/Rudolf Kippenhahn
Die Milchstraße
1996. 128 Seiten mit 48 Abbildungen. Paperback
(Beck'sche Reihe Band 2017)

Hubert Goenner
Einsteins Relativitätstheorien
Raum, Zeit, Masse, Gravitation
2. Auflage. 1999. 109 Seiten mit 9 Abbildungen. Paperback
(Beck'sche Reihe Band 2069)

Dieter B. Herrmann
Antimaterie
Auf der Suche nach der Gegenwelt
1999. 112 Seiten mit 20 Abbildungen. Paperback
(Beck'sche Reihe Band 2104)

Norbert Langer
Leben und Sterben der Sterne
1995. 128 Seiten mit 25 Abbildungen und 4 Tabellen. Paperback
(Beck'sche Reihe Band 2020)

Klaus Mainzer
Materie
Von der Urmaterie zum Leben
1996. 110 Seiten mit 4 Abbildungen.
(Beck'sche Reihe Band 2034)

Klaus Mainzer
Zeit
Von der Urzeit zur Computerzeit
3., durchgesehene Auflage. 1999.
144 Seiten mit 4 Abbildungen. Paperback
(Beck'sche Reihe Band 2011)

Verlag C. H. Beck München

Naturwissenschaften in der Reihe C. H. Beck Wissen

Wolfgang Mattig
Die Sonne
1995. 125 Seiten mit 24 Abbildungen und 4 Tabellen im Text. Paperback
(Beck'sche Reihe Band 2001)

Rolf Meissner
Geschichte der Erde
Von den Anfängen des Planeten bis zur Entstehung des Lebens
1999. 144 Seiten mit 52 Abbildungen und 2 Tabellen. Paperback
(Beck'sche Reihe Band 2110)

Diedrich Möhlmann
Kometen
Himmelskörper aus den Anfängen des Sonnensystems
1997. 128 Seiten mit 16 Abbildungen und 12 Tabellen. Paperback
(Beck'sche Reihe Band 2063)

Thomas Walther/Herbert Walther
Was ist Licht?
Von der klassischen Optik zur Quantenoptik
1999. 136 Seiten mit 40 Abbildungen, davon 10 in Farbe. Paperback
(Beck'sche Reihe Band 2122)

Horst Weber
Laser
Eine revolutionäre Erfindung und ihre Anwendungen
1998. 136 Seiten mit 50 Abbildungen und 9 Tabellen. Paperback
(Beck'sche Reihe Band 2090)

Franz M. Wuketits
Evolution
Die Entwicklung des Lebens
2000. 118 Seiten mit 21 Abbildungen. Paperback
(Beck'sche Reihe Band 2138)

Verlag C. H. Beck München

C.H.BECK ■ WISSEN

in der Beck'schen Reihe

Zuletzt erschienen:

- 2021: Faroqhi, **Geschichte des Osmanischen Reiches**
- 2046: Schön, **Bakterien**
- 2055: Gelfert, **Shakespeare**
- 2074: Funke, **Athen in klassischer Zeit**
- 2105: Malitz, **Nero**
- 2118: Reinhardt, **Geschichte Italiens**
- 2119: Wirsching, **Psychotherapie**
- 2120: Becher, **Karl der Große**
- 2121: Linke, **Das Gehirn**
- 2122: Walther/Walther, **Was ist Licht?**
- 2123: Ring/Zumbusch, **Neurodermitis**
- 2124: Hartmann, **Geschichte Frankreichs**
- 2125: Augustin/Schöpf, **Psoriasis**
- 2126: Schmidt-Glintzer, **Das neue China**
- 2128: Röhrich, **Die politischen Systeme der Welt**
- 2129: Schimmel, **Sufismus**
- 2130: Schorn-Schütte, **Karl V.**
- 2131: Hammel-Kiesow, **Die Hanse**
- 2132: Manthe, **Geschichte des römischen Rechts**
- 2133: Reinalter, **Die Freimaurer**
- 2134: Ueding, **Moderne Rhetorik**
- 2135: Krauss, **Die Engel**
- 2136: Wolters, **Die Römer in Germanien**
- 2137: Sautter, **Geschichte Kanadas**
- 2138: Wuketits, **Evolution**
- 2139: Tölle, **Depressionen**
- 2140: Jäger, **Allergien**
- 2141: Leppin, **Die Kirchenväter und ihre Zeit**
- 2142: Roloff, **Jesus**
- 2143: Steinbach, **Geschichte der Türkei**
- 2144: Bobzin, **Mohammed**
- 2145: Halm, **Der Islam**
- 2146: Keller, **Die Ottonen**
- 2147: Remschmidt, **Autismus**
- 2148: Matz, **Die 1000 wichtigsten Daten der Weltgeschichte**
- 2149: Zankl, **Von der Keimzelle zum Individuum**
- 2150: Sandermann, **Ozon**
- 2151: Brandt, **Das Ende der Antike**
- 2152: Kirchner, **Die Ameisen**
- 2153: Siefahrt, **Geschichte der Raumfahrt**
- 2155: Christ, **Die Römische Kaiserzeit**
- 2158: Stietencron, **Der Hinduismus**
- 2160: Levin, **Das Alte Testament**
- 2161: Limbach, **Das Bundesverfassungsgericht**
- 2166: Hertel, **Troia**
- 2200: Mauser, **Beethovens Klaviersonaten**
- 2205: Scholz, **Bachs Passionen**
- 2206: Revers, **Mahlers Lieder**